W0404485

Callwey

Kristina Hajek

Anbau, Umbau, Aufstockung

Raum gewinnen – Attraktiver wohnen

Callwey

Inhalt

Seite 10

Seite 16

Seite

Seite 40

Seite 44

Seite 4

Seite 66

Seite 70

Seite

Seite 26

Seite 32

Seite 36

Seite 52

Seite 56

Seite 60

Seite 78

Seite 84

Seite 88

Vorwort

Gründe für eine Wohnraumerweiterung gibt es viele: Junge Familien wollen bauen, haben ein kleines Budget und benutzen deshalb das Dach des (groß-)elterlichen Hauses als preiswertes Baugrundstück. Oder Kinder kommen zur Welt, wachsen heran, und das Haus der Familie wird zu klein. Oder die Bauherren wollen durch neue Räume ihren Lebensstandard und den Wert ihres Hauses erhöhen.
Bevor mit dem Bau begonnen wird, müssen viele Fragen erörtert und Entscheidungen getroffen werden: Soll sich der Neubau dem Bestand unterordnen, mit ihm zu einer Einheit verschmelzen oder provokativ zu ihm im Kontrast stehen? Wie funktioniert die Erschließung der neuen Räume? Kann für den Anbau ein Klimakonzept entwickelt werden, von dem auch der Altbau profitiert? Welche Konstruktionsweisen und welche Materialien sind geeignet? Welchen zusätzlichen Belastungen hält die Statik des Altbaus stand? Gibt es Möglichkeiten, die Bauzeit zu verkürzen?

Anhand von Projekten sowohl bekannter als auch viel versprechender junger Architekten aus Deutschland, Österreich und der Schweiz werden in diesem Buch beispielhafte Antworten auf solche Fragen und unterschiedlichste Lösungen der Bauaufgabe »Wohnraumerweiterung«gezeigt. Im Text werden die Wünsche der Bauherren, die Vorschläge der Architekten und die Ergebnisse erläutert. Zahlreiche Fotografien und Pläne vermitteln einen Eindruck vom Raum. Baudatentabellen mit Angaben zur neu hinzugewonnenen Wohnfläche, den Baukosten und der Bauzeit ermöglichen den Vergleich mit der eigenen Bauaufgabe.
Die vorgestellten Bauten beweisen, dass durch die richtige Planung und gekonnte Ausführung auf optimale Weise mehr Platz gewonnen werden kann und dadurch alte Bauten eine ganz neue Qualität gewinnen.

Kristina Hajek

Dieser Anbau an ein Einfamilienhaus wird nachts zur leuchtenden Skulptur.

Zum Baden nach Japan

Wohnhauserweiterung im Sauerland

Die Proportionen eines traditionellen japanischen Hauses ergeben sich aus der Anzahl und Anordnung der Tatami-Matten, die in ihm Platz haben. Eine solche Bodenmatte ist 90 x 180 Zentimeter groß. Auf ihr finden zwei Personen Platz zum Sitzen oder eine zum Schlafen. Diese jahrhundertealte Proportionslehre hat ihre Gültigkeit bis heute bewahren können. Auch europäische Architekten bedienen sich, wenn es zur Bauaufgabe passt, gerne japanischer Formensprache und Materialität. So etwa das Architektenteam Elke Banz und Dietmar Riecks, als sie den Auftrag bekamen, ein Badehaus zu bauen.

[Aufgabe] Die Bauherren wünschten sich einen Ort, an dem sie sich entspannen, sich bewegen und meditieren können. Während eines Aufenthalts in Tokyo hatten sie die japanische Teezeremonie und Badekultur kennengelernt. So kamen sie auf die Idee, ein Badehaus in japanischer Tradition an ihr Wohnhaus anzugliedern und so ein Stück Fernost ins heimische Sauerland zu importieren.

[Konzept] Basierend auf dem traditionellen Raster von 90 x 180 Zentimeter entwickelten die Architekten »eine Architekturform des Zusammenspiels der räumlichen Atmosphäre, der Raumproportionen, der Textur der Materialien, der Lichtfarbe, Wärme, Feuchte und Akustik«.

[Umsetzung] Nach außen gibt sich der Anbau geheimnisvoll: Hineinsehen kann man nicht, und wer vermutet schon mitten im Sauerland ein japanisches Bade-, Tee- und Meditationshaus? Man betritt den Neubau vom bestehenden Wohnhaus aus, entweder vom Ankleideraum durch eine Schiebetür in das Badezimmer mit Wanne, Dusche, Waschbecken und WC, oder vom Schlafzimmer in den Ruhebereich mit Whirlpool, Liege und Teehaus. Zwischen beiden Bereichen befindet sich ein mit Kieselsteinen ausgelegter und von in den Boden eingelassenen Leuchten wirkungsvoll illuminierter Hofbereich. Dieser ist nicht zum Aufenthalt bestimmt, sondern dient dazu, die Räume im Erdgeschoss zu belichten, ohne dass ihr introvertierter Charakter gestört wird. Über eine Treppe aus Teakholz gelangt man in das Untergeschoss. Hier befinden sich neben einem Gymnastikraum ein Dampfbad und eine Sauna mit Schwalldusche. Die Beleuchtung erfolgt über einen zweigeschossigen Lichtgraben nach Osten. Die Fensterflächen sind großflächig mattiert; nur schmale Streifen wurden transluzent belassen. So kann Licht einfallen, aber niemand hineinschauen. Die edlen Materialien Teakholz und geflammter schwarzer Granit sind sorgfältig verarbeitet.

Baudaten:	
Wohnfläche:	146 m²
Bewohner:	2
Umbauter Raum:	583 m³
Baukosten:	keine Angaben
Baubeginn:	Oktober 1997
Fertigstellung:	September 1998

Architekten:

Banz + Riecks, Bochum

Von außen ahnt man nicht, dass hinter der Fassade mit den kunstvoll geätzten Glasscheiben eine Bade- und Meditationslandschaft für Körper und Geist zu finden ist.

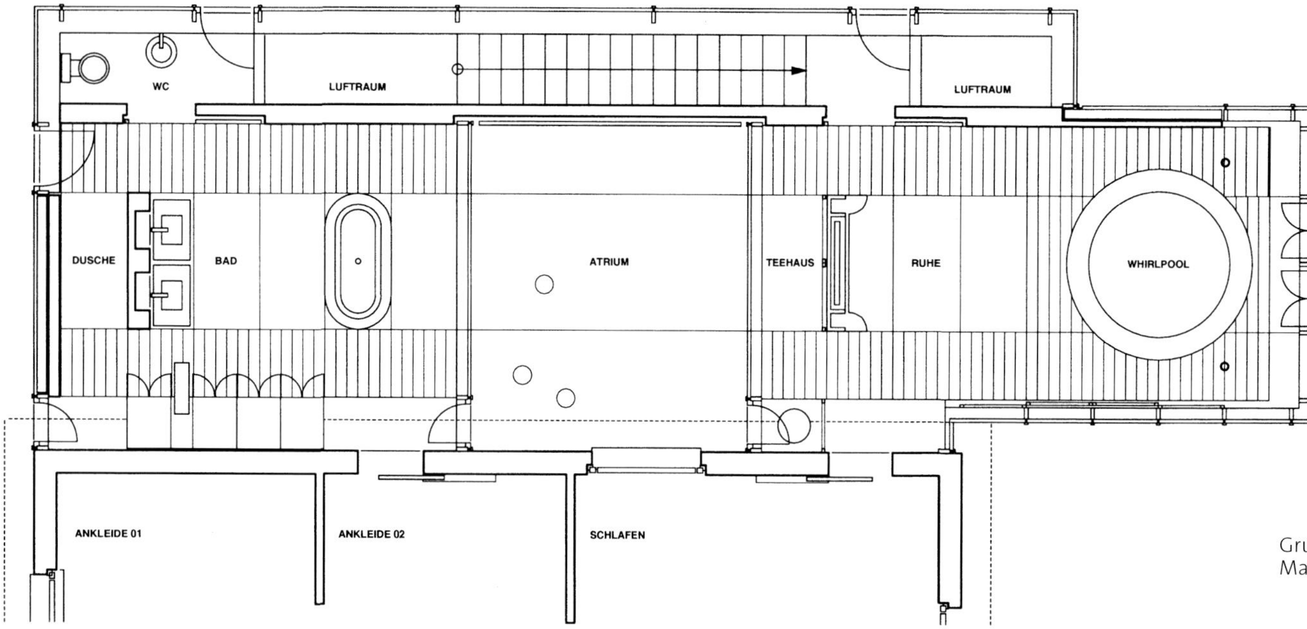

Grundriss Erdgeschoss
Maßstab 1:100

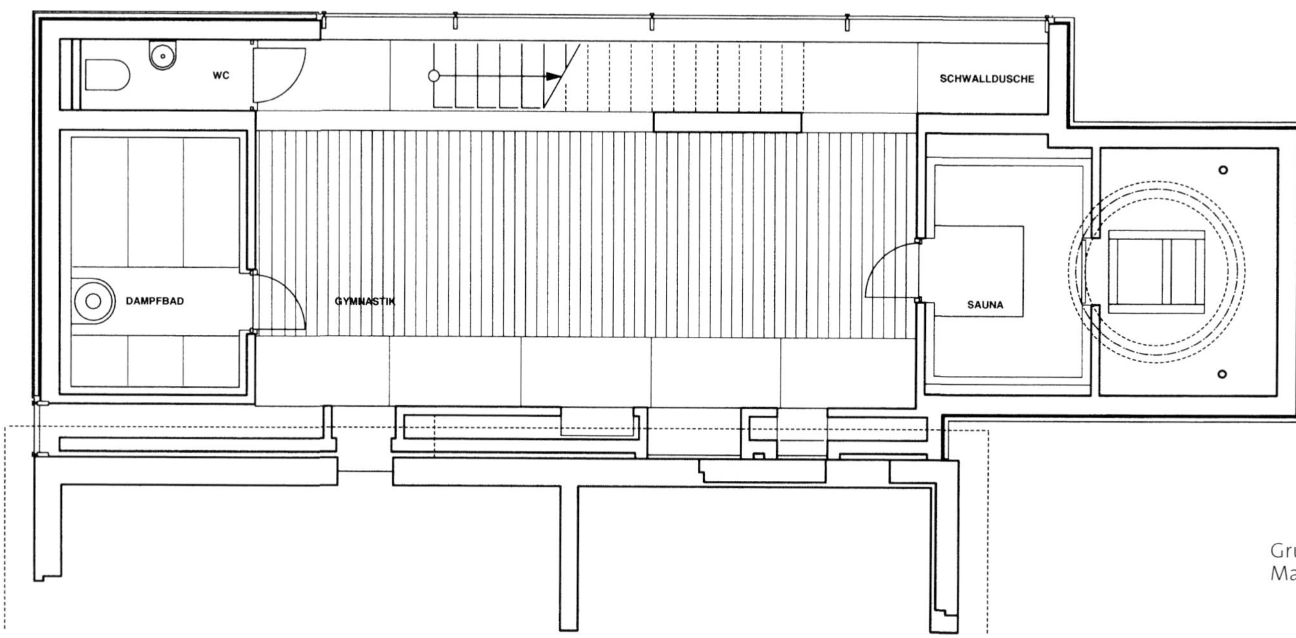

Grundriss Untergeschoss
Maßstab 1:100

Das introvertierte Atrium vermittelt zwischen Bad und Teehaus.

Sind die hohen Flügeltüren zum Garten geöffnet, hat der Whirlpoolbereich den Charakter einer überdachten Terrasse.

Die Treppe mit Stufen aus Teakholz befindet sich in dem zweigeschossigen Lichtgraben.

Durch das ins Glas geätzte Muster entsteht im Inneren ein im Tagesverlauf ständig wechselndes Licht- und Farbenspiel.

Der rote Vorhang verleiht dem erhöhten Whirlpoolbereich eine zusätzliche extravagante Note.

Innovative Holzbauweise
Wohnhauserweiterung in Etsdorf

So etwas ist spannend für Bauleute und Zuschauer: Im Werk vorgefertigte Bauteile werden mit dem Kran vom Lastwagen an die für sie vorgesehene Stelle gehoben, zusammengeschraubt ... und innerhalb eines Tages steht das neue Haus. Das ist keine Zauberei, sondern das Ergebnis sorgfältiger Planung. Jedes einzelne Element muss gezeichnet, vermaßt und nummeriert sein, nicht der kleinste Fehler darf sich einschleichen. Umso schöner, wenn am Ende alles passt!

[Aufgabe] Das unprätentiöse, 1954 erbaute Einfamilienhaus war der Familie eines Oberpfälzer Künstlers zu klein geworden. Eine Erweiterung um Essplatz, Hausarbeitsraum und Gästezimmer sollte her, ohne jedoch in die Proportionierung des Bestandes einzugreifen und auch ohne einen der nahe am Haus wachsenden Obstbäume fällen zu müssen. Außerdem wünschten sich die Bauherren eine möglichst kostengünstige Lösung, wozu sie durch Eigenleistung beitragen wollten.

[Konzept] Anfangs war die Erweiterung des Wohnhauses mit vorfabrizierten Container-Elementen geplant. Doch ziemlich schnell wurde klar, dass bei einer Realisierung große Eingriffe in die Struktur der Container nötig gewesen wären. So verlegten sich Bauherren und Architekten schließlich auf die moderne Brettschichtholz-Bauweise. Was von der Idee mit den Container-Elementen blieb, war das Konzept, drei gleich große Raumelemente um das bestehende Haus zu platzieren.

[Umsetzung] Die drei Baukörper (7,2 m x 2,7 m, lichte Raumhöhe 2,5 m) sind in sich tragend, auf jeweils zwei Stahlböcken befestigt, mit dem Haus jedoch nicht mechanisch verbunden. Boden, Decken und Wandelemente sind aus 18 Zentimeter starkem Brettschichtholz ohne zusätzliche Dämmung und Verkleidung gefertigt, die Rohbauoberfläche ist identisch mit der raumseitigen Nutzoberfläche.
Der Boden wurde zusätzlich geölt und gewachst. Der Witterungsschutz der Fassade besteht aus dem Dachüberstand und einem farbigen Lasuranstrich. Die Einzelelemente wurden mit Nuten für die Fensterscheiben auf Maß geliefert und in Eigenregie an einem Tag zusammengebaut. Die statischen Qualitäten des Brettschichtholzes wurden bei gleichzeitiger Minimierung der Auflagerböcke voll ausgenutzt.

Baudaten:	
Wohnfläche:	60 m²
Umbauter Raum:	210 m³
Baukosten:	ca. 82 000 DM zuzügl. Eigenleistung beim Bau der Fundamente, bei der Endmontage der Fassade und Anstricharbeiten
Baubeginn:	September 1998
Fertigstellung:	November 1998

Architekten:
Beer Architekten, Weiden

Der aufgeständerte, leuchtend rot gestrichene Anbau erweitert den Erdgeschoss-Grundriss des bestehenden Hauses nach drei Seiten um jeweils 2,76 Meter.

Boden-, Wand- und Deckenelemente bestehen aus 18 Zentimeter starkem Brettschichtholz.

50 Zentimeter Dachüberstand und der farbige Lasuranstrich schützen die Fassade vor der Witterung.

Grundriss Erdgeschoss
Maßstab 1:200

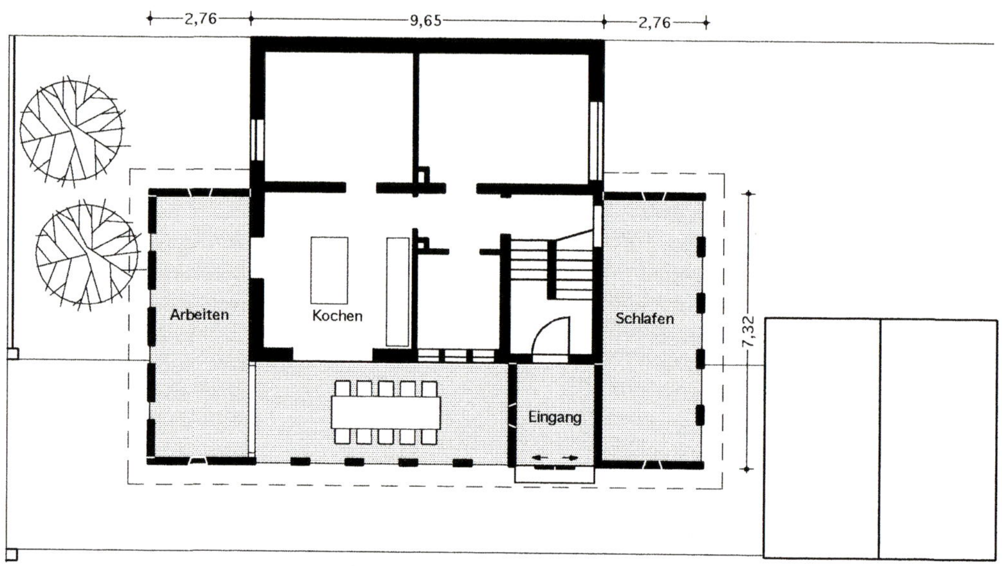

Der Erweiterungsbau wurde so geplant, dass keiner der nahe am Haus stehenden Obstbäume gefällt werden musste.

Raumhohe Festverglasungen
lassen reichlich Sonnenlicht
in die Räume gelangen.

Durch ebenfalls raumhohe Wandelemente, die nach außen geöffnet werden können, gelangt Frischluft in die Räume.

Wohn-Pavillon

Anbau an ein Wohnhaus aus den 70er-Jahren

Eigentlich hätte der Architekt und Bruder der Bauherrin lediglich einen Wintergartenanbau planen sollen. Doch sein ausgeprägter, an der Eidgenössischen Technischen Hochschule in Zürich geschulter Gestaltungswille ließ ihn Schwester und Schwager davon überzeugen, dass nur ein größerer, eigenständiger Anbau einen ebenbürtigen, positive Spannung erzeugenden Gegenpol zum bestehenden Wohnhaus bilden könne. Das Ergebnis gibt ihm Recht.

[Aufgabe] Die Fassade des Altbaus ist im Erdgeschoss aus rotem Backstein gemauert, das Obergeschoss und das Dach sind mit dunkelbraunem Eternit verkleidet: ein typisches, sehr kompaktes 70er-Jahre-Einfamilienhaus. Die Bewohner – ein Ingenieur, eine Lehrerin und drei Teenager – wünschten sich mehr Licht und einen größeren Essbereich. Deshalb wurde der Architekt damit beauftragt, sich Gedanken über einen Anbau zu machen.

[Konzept] Ein klassischer eingeschossiger Wintergartenanbau, wie ihn sich die Bauherrschaft anfangs vorgestellt hatte, hätte neben dem Wohnhaus wie ein bloßes Anhängsel gewirkt. Deshalb war ziemlich bald klar, das der Anbau zweigeschossig sein sollte. Er musste eine eigene Qualität bekommen und durfte sich dem Bestand nicht unterordnen. Deshalb hat der Architekt sich für ein flaches Dach und eine Stahlkonstruktion entschieden, die innen wie außen mit Sperrholzplatten verkleidet ist.

[Umsetzung] Der würfelförmige Neubau steht auf einem Sockel aus graugrünem Stein, der zwei Meter über die Gebäudehülle hinaus in den Garten reicht. Dieser Kunstgriff lässt den Raum im Erdgeschoss größer erscheinen, als er in Wirklichkeit ist und macht ihn zum Bindeglied zwischen innen und außen. Er wird als Esszimmer genutzt und manchmal als Ausweichquartier, wenn ein Teil der Familie im Wohnzimmer fernsehen möchte und der andere nicht. Im Sommer können die großen Schiebe- und Flügeltüren geöffnet werden und der Raum wandelt sich zu einer überdachten Gartenterrasse. Unter der Sockelplatte verbirgt sich ein Keller mit Sauna und Dusche und direktem Ausgang zum Schwimmbad im Garten. Das hat den Vorteil, dass in Zukunft nicht mehr jeder, der draußen ein Bad genommen hat, tropfnass durch das Haus zum Badezimmer laufen muss. Im Obergeschoss schließlich ist ein Studio entstanden mit einem schmalen Balkon, der wie eine Kanzel über das Gebäudeende hinausragt und von diesem Ausguck einen spektakulären Blick auf die Alpen bietet.

Baudaten:	
Wohnfläche:	42 m^2
Bewohner:	5
Umbauter Raum:	328 m^3
Baukosten:	1067 sFr./m^2 = ca. 1280 DM/m^2 (Anbau) und 265 sFr./m^2 = ca. 318 DM/m^2 (Umbau)
Baubeginn:	September 1993
Fertigstellung:	Februar 1994

Architekt:
Cyrill Bischof, Romanshorn

Wie ein leuchtendes Kunstobjekt erscheint der zweigeschossige Pavillon-Anbau bei Dunkelheit.

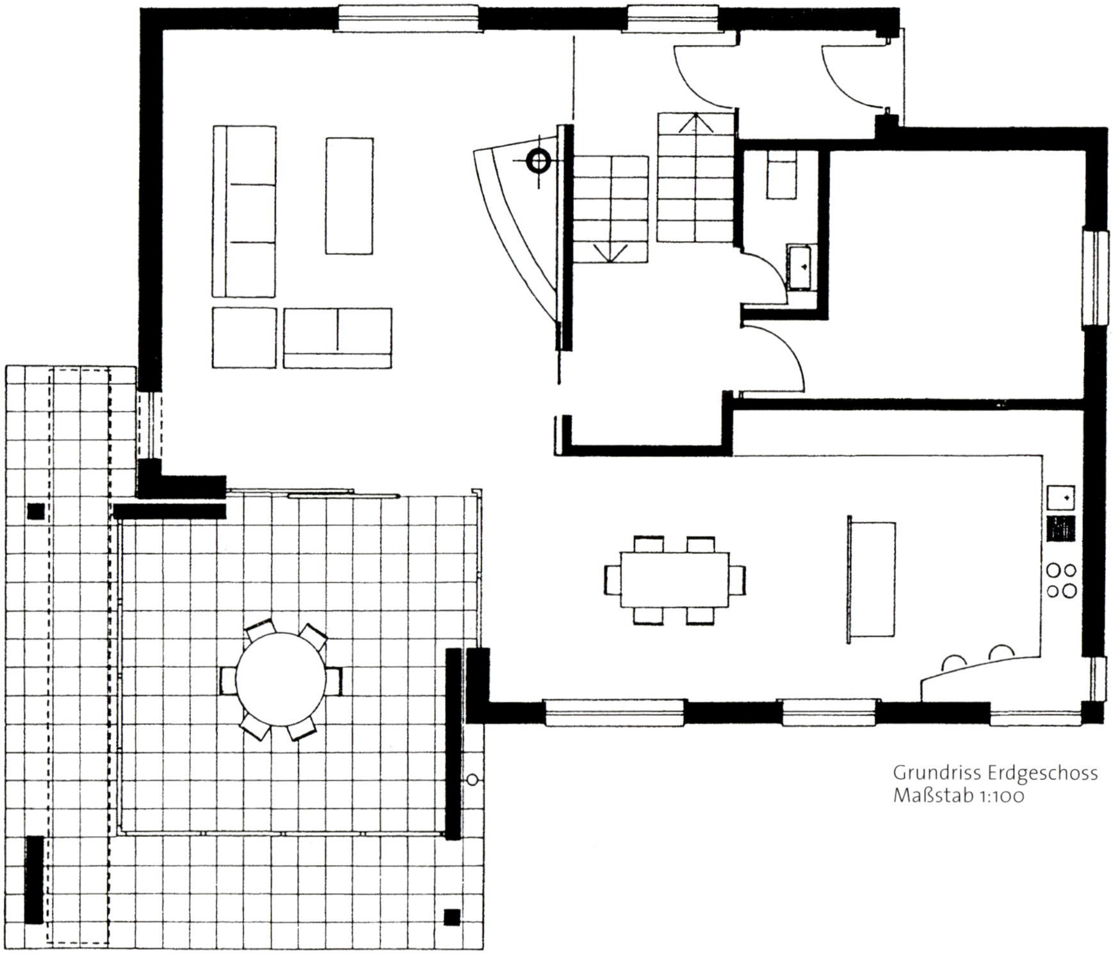

Grundriss Erdgeschoss
Maßstab 1:100

Die Oberfläche des Sockels, auf dem der Anbau steht, wirkt wie eine Erweiterung des hinzugewonnenen Esszimmers im Freien.

Die raumhohen Glaselemente im Erdgeschoss lassen sich wie eine Ziehharmonika zusammenfalten und beiseite schieben.

Vom Balkon im Obergeschoss aus hat man einen überwältigend schönen Blick auf das Alpenpanorama.

Zwischen innen und außen

Erweiterung eines Wohnhauses in Salzburg

Die Besitzer einer Salzburger Villa wünschten sich einen Raum mit einer ganz besonderen Atmosphäre, dessen Intimitätsgrad jenen eines Innenraums und den eines Platzes im Garten gleichermaßen aufweist. Außerdem sollte dieser neue Raum die Möglichkeit bieten, die Natur unabhängig vom Wetter erleben zu können. Ein Wunsch, den jeder nachvollziehen kann, der schon einmal im Salzburger Land über einen längeren Zeitraum dem »Schnürlregen« ausgesetzt war.

[Aufgabe] Das Haus, das in seiner 60-jährigen Existenz schon mehrmals verändert worden war, sollte zunächst von allen Anbauten befreit werden und wieder seine ursprüngliche kubische Form bekommen. Die neuen Anbauten – im Norden ein verglaster Windfang und eine Doppelgarage aus Sichtbeton, mit einem L-förmigen Glasvordach verbunden; ein Wintergarten aus Isolierglas und eine Pergola aus verzinktem Stahl mit Seilbespannung im Süden – sollten transparent sein und die klare Hausform lesbar belassen.

[Konzept] Die Architekten haben den Übergang vom Innenraum ins Freie zum Thema ihres Entwurfes gemacht und eine nuancierte Raumfolge entwickelt: vom Musiksalon in den Wintergarten unter die Pergola auf die Terrasse in den Garten. Diese Folge ineinander greifender und verschiedengradig geschützter Klimazonen ermöglicht den fließenden Übergang ins Freie.

[Umsetzung] Als ein Element dieser Reihe ist der Wintergarten möglichst neutral gehalten. Die einfache kubische Form hat nur eine gläserne Schutzumhüllung. Und so, befreit von jeder formalen Suggestion, bietet dieser Raum die Möglichkeit, zu jeder Tages- und Jahreszeit die Metamorphosen der Natur unmittelbar zu spüren.

Die Materialien (Sichtbeton, verzinkter Stahl, Naturstein und Glas) sind entsprechend ihrer Funktion in ihrer puren Form eingesetzt. Es wurden eine Reduzierung und Trennung der Elemente sowie einfache Details angestrebt.

Der Glaskubus des Wintergartens hat eine Haut aus isoliertem Glas und eine geklebte Ganzglaskonstruktion. Die Stützen und Träger bestehen aus Dreischicht-Glaslaminat. Darauf ist das Dach nur durch Verklebung befestigt. Vier Glasschwerter dienen der Aussteifung der seitlichen Wände gegen Windkräfte. Die Wände sind ebenfalls allein durch Verklebung befestigt. Die wenigen Metallhalterungen dienen als Austrocknungshilfe für die Montage im Winter.

Diese simpel gedachte Konstruktion war eine große Herausforderung für das beauftragte Glastechnikunternehmen. Es erklärte sich jedoch bereit, die vorgeschlagene Ganzglaskonstruktion auszuführen, mit dem Kompromiss, statt der vorgeschlagenen Zapfenverbindung zwischen Träger und Stützen eine Metallverschraubung einzuführen. Eine weitere Innovation ist die rahmenlose Doppeltür aus Isolierglas, die bislang die erste ihrer Art ist. Die Reduktion der Materialien auf eines, nämlich Glas,

Baudaten:	
Wohnfläche:	27,6 m²
Erweiterungsflächen und umbauter Raum:	Wintergarten: 22,05 m²; 66,15 m³ Windfang: 4,25 m²; 9,5 m³ Terrasse: 66 m² Glas-Vordach: 24,8 m² Doppelgarage: 44,7 m²; 112 m³
Baukosten:	2,2 Mio öS (= ca. 310 000 DM)
Baubeginn:	September 1996
Fertigstellung:	Januar 1997

Architekten:

Architekturstudio Bulant & Wailzer, Wien

Dezent und dennoch spektakulär ist die geklebte Ganzglaskonstruktion des Wintergartens.

Gesamtgrundriss
Erdgeschoss
Maßstab 1:300

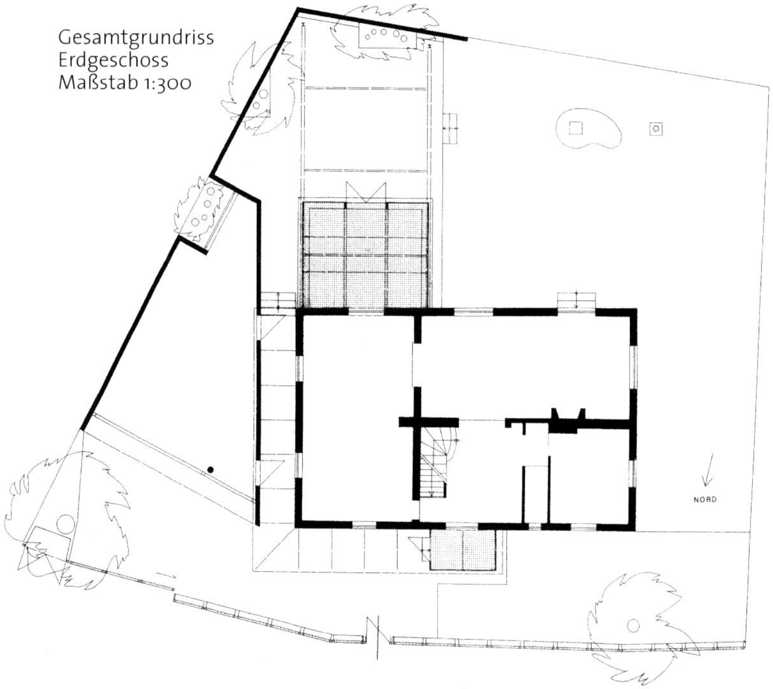

und die einfachen Details der Verklebung lassen die High-Tech-Konstruktion als Low-Tech erscheinen. Die Anwendung progressiver Glastechnologie ermöglichte die Reduktion der Form. Die entmaterialisierte, schimmernde Glashülle bekommt mit den Veränderungen durch das Licht und durch Spiegelungen ein eigenes Leben.

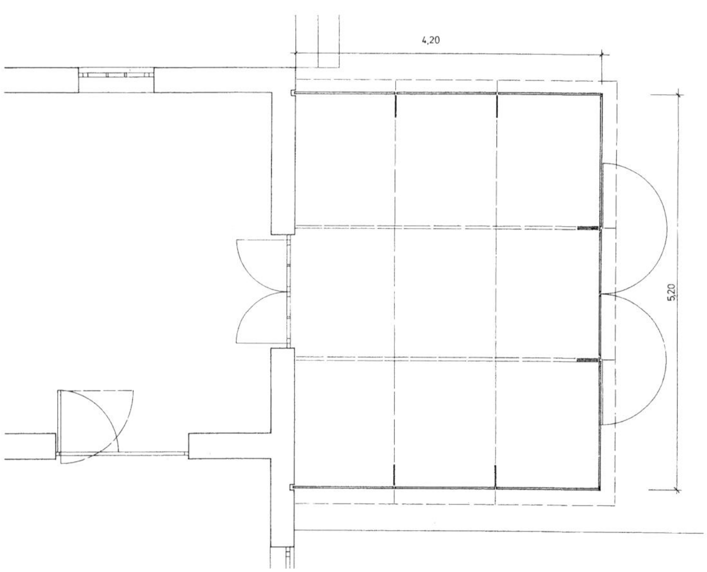

Detailgrundriss Wintergarten
Maßstab 1:100

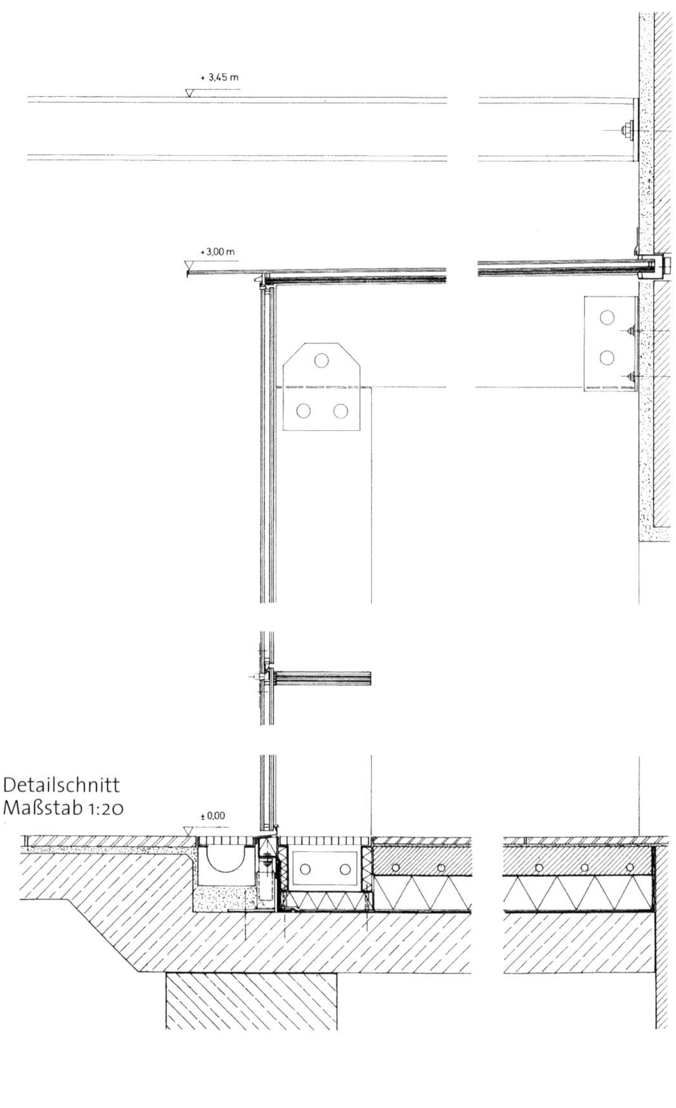

Detailschnitt
Maßstab 1:20

Der Weg in den Garten führt durch den Wintergarten und unter der Pergola hindurch.

Die hohen Glastüren sind mit Edelstahlscharnieren befestigt.

Der verglaste Windfang ist zur Vitrine für eines der Kunstwerke der Hausbesitzer geworden.

Dank des abgehängten L-förmigen Glasvordachs gelangt man trockenen Fußes von der Garage zur Haustür.

Innerhalb der gläsernen Hülle erfährt man geschützt vor der Witterung alle Tages- und Wetterstimmungen.

Blau, Gelb, Rot und Stein

Ausbau eines alten Wirtschaftsgebäudes im Odenwald

Die Küche im alten Wirtschaftsgebäude ist nach dem Umbau kaum wieder zu erkennen: Große Fenster bieten Aussichten in den schönen Blumengarten. Moderne Küchenmöbel und eine Glaswand zum Eingangsbereich kontrastieren mit dem nach Jahrzehnten wieder freigelegten Bruchsteinmauerwerk. Hier hat sogar die Katze ganz schnell ihren Lieblingsplatz gefunden: sie döst vorzugsweise auf den Solnhofener Platten vor dem blauen Kachelofen.

[Aufgabe] 1969 war eine sechsköpfige Familie in das einsam gelegene ehemalige Wirtschaftsgebäude des Steinbruchs am Fuß von Schloss Lichtenberg gezogen. Damals wurde wenig Gewicht auf die Erhaltung der besonderen Atmosphäre des Ortes gelegt. Bei den Renovierungsarbeiten verschwand deshalb das charakteristische Granitmauerwerk hinter Rauputz. 30 Jahre später sollte sich das – wenigstens stellenweise – endlich ändern. Die Bewohner haben beschlossen, Küche, Esszimmer und Flur in einen großen, offenen Koch- und Essbereich zu verwandeln.

[Konzept] Ein wichtiges Ziel der Architekten war es, die Geschichte des alten Hauses wieder lesbar zu machen. Diese Geschichte hat sehr viel mit dem nahe gelegenen Steinbruch zu tun. Also musste der Granit im Haus wieder zum Vorschein kommen. Zum Element Stein haben die Architekten die drei Grundfarben, jeweils in Kombination mit dem Element Feuer, hinzukomponiert: Blau für den Kachelofen, Gelb für den Schrank mit Backofen und Rot für die Küchenzeile mit Kochfeld.

[Umsetzung] Als Erstes musste die Granitmauer von der Putzschicht und Vormauerung befreit werden. Außerdem wurden alle nachträglich eingebauten Wände zwischen Küche, Flur und Esszimmer und ein Teil der Außenmauer abgerissen. Eine harte und staubige Arbeit, die sich jedoch gelohnt hat. Denn in Zukunft wird durch große Schiebetüren zum Garten mehr Tageslicht ins Haus gelangen. Eine frei stehende, tresenhohe Betonscheibe unterteilt den großen Raum, dessen Boden mit Solnhofener Platten belegt ist, in zwei Bereiche: den eigentlichen Kochbereich mit Herd, Ofen und Spüle und den Essbereich mit Tisch und Stühlen aus hellem Holz und dem blauen Kachelofen, durch dessen Fenster man das Feuer brennen sieht. Ein filigranes Halogen-Leuchtensystem und in die Decke eingelassene Down Lights sorgen am Abend für eine stimmungsvolle Ausleuchtung von altem Gemäuer und modernen Einbauten.

Baudaten:

Wohnfläche:	40 m²
Umbauter Raum:	116 m³
Baukosten:	82 400 DM (zuzüglich Eigenleistung)
Baubeginn:	August 1998
Fertigstellung:	Oktober 1998

Architekten:

Busch + Liebig, Modautal

Die renovierte Küche ist zum wohnlichen Herzen des alten Hauses geworden.

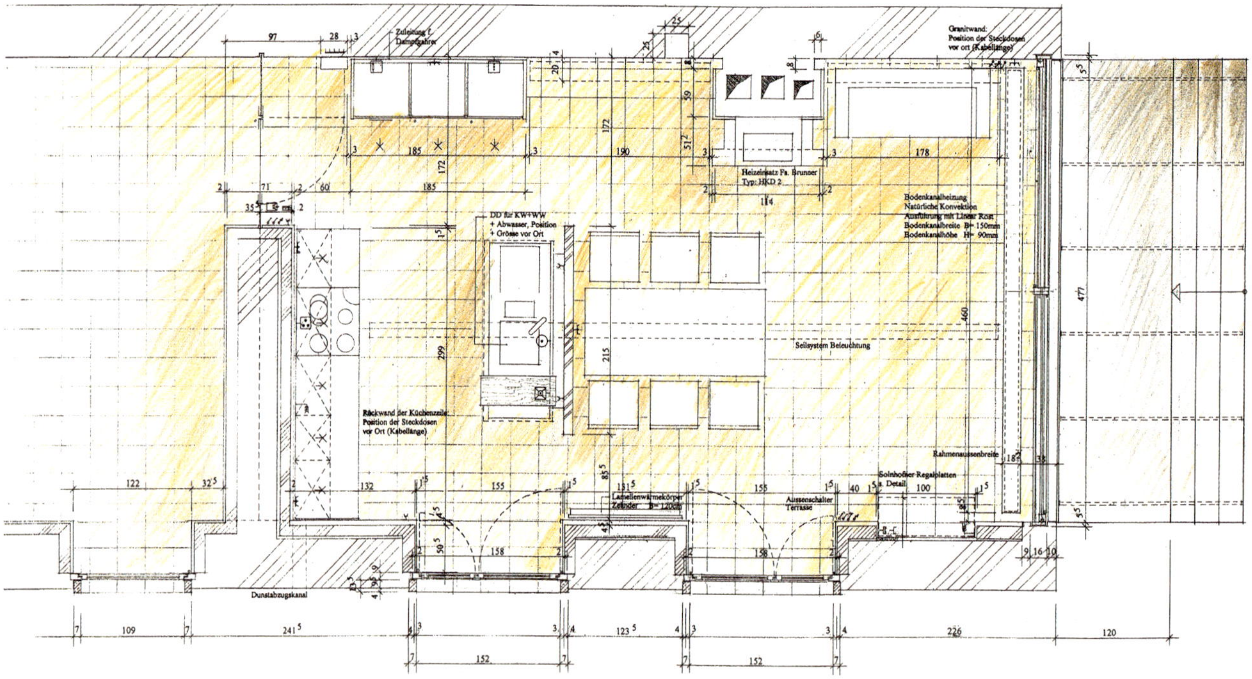

Grundriss Erdgeschoss
Maßstab 1:75

Am Fuß von Schloss Lichtenberg im Odenwald steht einsam das ehemalige Wirtschaftsgebäude des Steinbruchs.

Im Zuge der Renovierung eingebaute große Schiebetüren schaffen eine Verbindung zum liebevoll angelegten Garten.

Monocoque
Dachausbau im 1. Wiener Bezirk

Dass in dem geheimnisvollen Wirrwarr aus Kanälen und Schächten unterhalb der Bürgersteige Wiens manchmal Aufregendes geschieht, wissen wir, seit sich Harry Lime dort mit dem »Dritten Mann« wilde Verfolgungsjagden geliefert hat. Doch auch oben, auf und unter den Dächern, kann – unbemerkt von den Passanten auf der Straße – Spannendes passieren. Dort, wo zu Kaisers Zeiten die Dienstleute hausten, weit entfernt von der repräsentativen Beletage, im Sommer glühender Hitze, im Winter klirrender Kälte ausgesetzt, findet sich heute Freiraum für unkonventionelle Architektur. Diesen Freiraum haben die Wiener Architekten Gregor Eichinger und Christian Knechtl genutzt und ihn zu einer außergewöhnlichen Wohnung ausgebaut.

[Aufgabe] Wohnraum im Zentrum Wiens wird immer kostbarer. Kein Wunder also, dass nach und nach auch solche Räume ausgebaut werden, deren Nutzung zu Wohnzwecken ihren Besitzern in der Vergangenheit nicht in den Sinn gekommen wäre, weil der Aufwand sich nicht zu lohnen schien oder man es schlicht für unmöglich hielt, einen verwinkelten, dunklen Dachstuhl in eine moderne Wohnung zu verwandeln. Die Architekten Eichinger oder Knechtl haben sich der Herausforderung gestellt, eine ehemalige Waschküche mit eigenwilligem Grundriss in einen nicht nur luxuriösen, sondern sogar spektakulären Loft zu verwandeln.

[Konzept] Es gibt zwei Räume: einen 35 Quadratmeter großen, dessen Form von der gekrümmten Wand des Treppenhauses geprägt ist, und angrenzend einen 15 Quadratmeter kleinen mit rechteckigem Grundriss. Im kleinen Zimmer wird geschlafen – alles andere Wohnen findet im großen Raum statt. Von der ursprünglichen Idee, Küche und Bad als ein im Werk vorgefertigtes Möbel mit einem Kran zu implantieren, ist der Titel des Projekts geblieben: Monocoque.

[Umsetzung] Ein »Mehrrichtungsgegenstand« leitet den Eintretenden in einer raffinierten Inszenierung durch einen schmalen, dunklen Gang und um eine Linkskurve herum in den Raum – und zum großen Atelierfenster in der Mansardwand, dann durch das Fenster hindurch, dessen einen Flügel man elektrisch nach außen schieben und den anderen nach oben kippen kann, bis auf eine kleine Balkonterrasse. Neben dieser Bewegungszone gibt es noch den Funktionsraum in und hinter dem (von den Architekten so genannten) »Mehrrichtungsgegenstand«. Hier sind auf engstem Raum komprimiert Garderobe, zusammenklappbarer WC-Raum, Schrank, Waschmaschine, Hauselektronik, Küchenzeile, Waschtisch, auseinanderfaltbare Dusche und – draußen auf der Balkonterrasse – ein Mini-Kräutergarten untergebracht.

Baudaten:	
Wohnfläche:	50 m²
Bewohner:	2
Baukosten:	keine Angaben
Fertigstellung:	1998

Architekten:
Eichinger oder Knechtl, Wien

Eine ehemalige Waschküche auf einem der Dachböden Wiens wurde zu einem eleganten Appartement ausgebaut.

Eines der spektakulären Elemente dieses Projekts ist das hochklappbare Atelierfenster mit der verschiebbaren Brüstung.

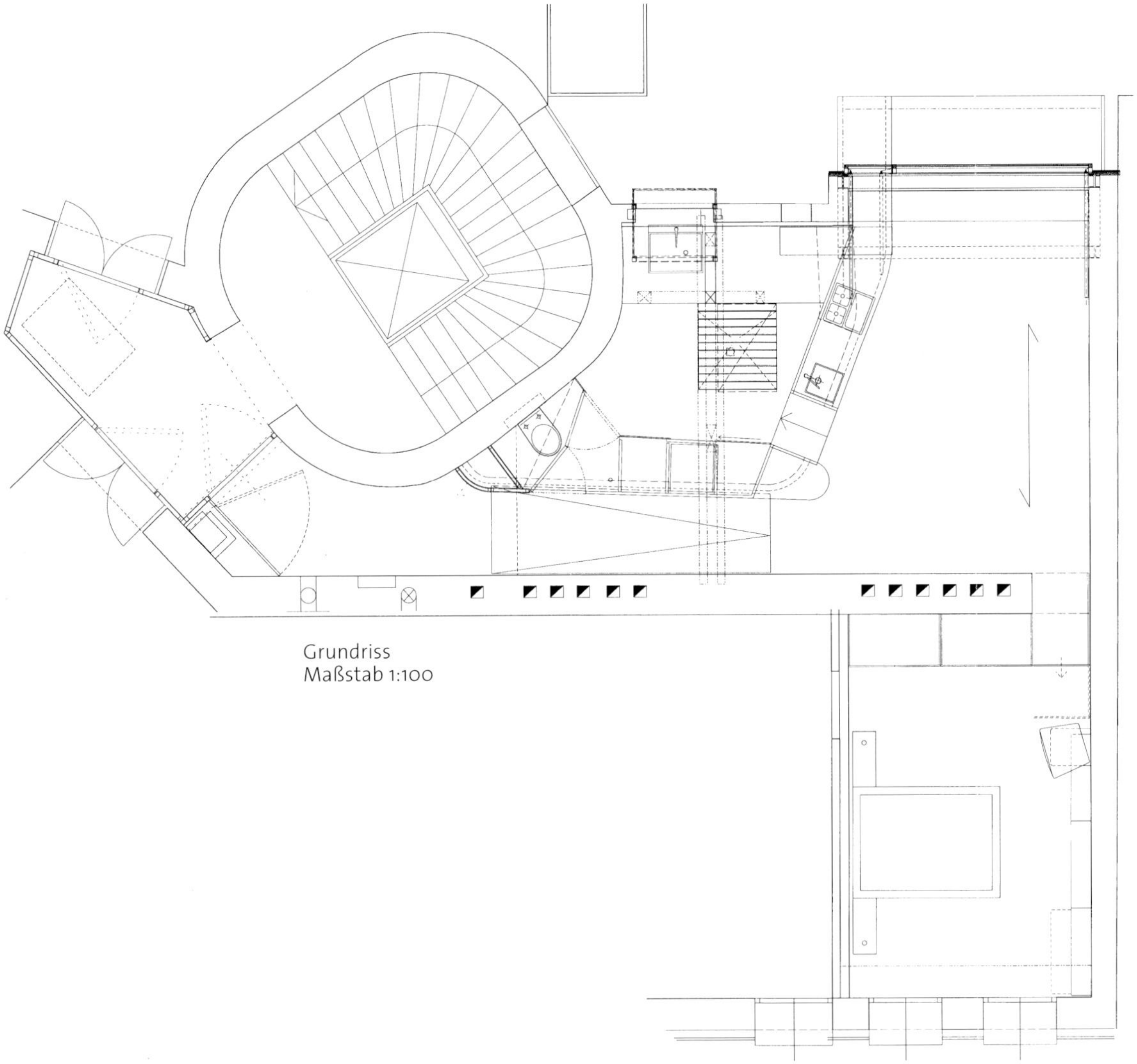

Grundriss
Maßstab 1:100

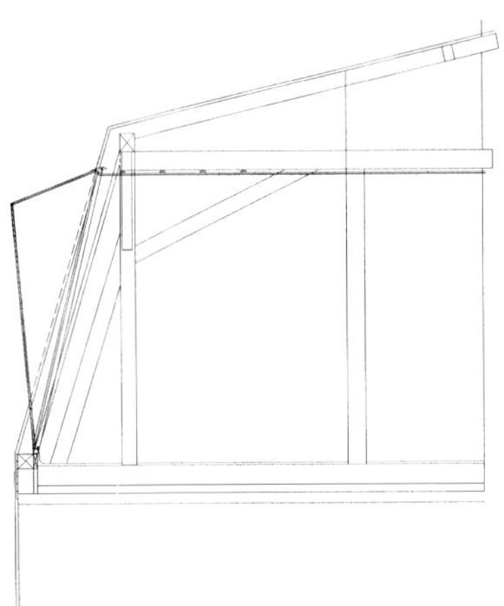

Schnitt durch die
Fensterverglasung
Maßstab 1:100

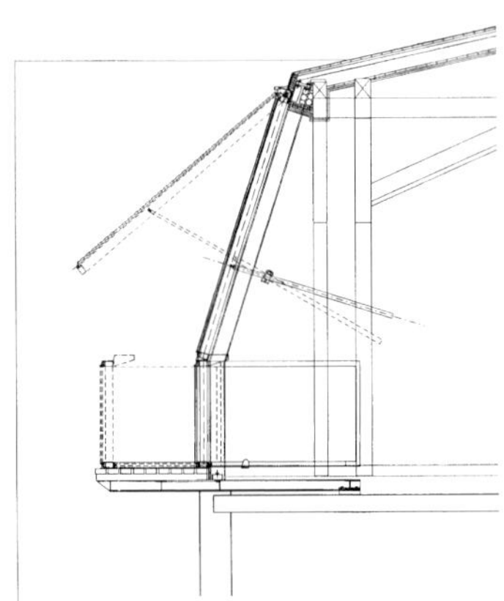

Schnitt durch die
Fensterverglasung
Maßstab 1:100

Die zusammenfaltbaren Wände der Duschkabine bestehen aus teflonbeschichtetem Textil.

Öffnet man die mattierte und die spiegelnde Nirosta-Tür, wird aus dem Durchgang der Toilettenraum.

Gekocht wird mit Ausblick auf die Wiener Dachlandschaft.

Den Eltern aufs Dach gestiegen

Aufstockung eines Wohn- und Geschäftshauses

Schwäbische Metzger sind normalerweise eher für die Güte der von ihnen hergestellten Maultaschen bekannt als für ihre Nähe zu moderner Architektur. Doch manchmal kommt beides zusammen. In Stuttgart-Weilimdorf hat der Juniorchef des Metzgergeschäfts am Marktplatz das elterliche Haus um einen modernen Neubau aufgestockt, in dem er nun zusammen mit seiner Familie wohnt. Jetzt kann er die zentrale Lage und die Nähe zum Arbeitsplatz genießen und besitzt gleichzeitig einen räumlich und formal aus dem Alltagsgeschäft herausgehobenen privaten Rückzugsort.

[Aufgabe] Die junge Familie beauftragte die Architekten 1996 mit der Planung ihres neuen Wohnhauses. Das Budget war gering; deshalb kam der Erwerb eines Baugrundstücks, um darauf einen Neubau zu errichten, nicht in Frage. Daher erwies es sich als Glücksfall, dass die Eltern der Bauherren am Marktplatz, im Zentrum von Weilimdorf, ein zweigeschossiges Gebäude mit flachem Satteldach besaßen, das niedriger war als die Nachbargebäude. Die Planer hatten die Idee, das neue Wohnhaus auf dieses bereits vorhandene elterliche Gebäude aufzusetzen. Dies bedeutete zum einen für die Bauherren ein »kostenloses« Baugrundstück, zum anderen durch die Angleichung der Haushöhe an die Nachbarbebauung eine Verbesserung der städtebaulich-räumlichen Situation.

[Konzept] Unabhängigkeit, Selbstbewusstsein und eigenständiges Denken der jungen Familie sollten nach außen demonstriert werden. Deshalb entstand eine Aufstockung, die sich vom Bestand deutlich unterscheidet. Diese Individualität des Neuen musste nur auf der Seite zum Marktplatz hin aus städtebaulichen Gründen und zugunsten der räumlichen Situation in den Hintergrund treten.

[Umsetzung] Die Aufstockung ist zweigeschossig und wird über den Aufzug und das Treppenhaus des bestehenden Hauses erschlossen. Von dort gelangt man in den Flur der ersten Dachebene, der die Grundfläche in eine Süd- und eine Nordhälfte teilt. Im Süden, mit vorgelagerter Terrasse, befinden sich die Schlafzimmer für Kinder und Eltern, im Norden ein Arbeits- und ein Ankleidezimmer, die Bäder und eine Wendeltreppe, die hoch auf die zweite Dachebene führt. Diese ist auch wieder in zwei Bereiche unterteilt. In der Nordspange sind Sauna, Abstellraum, Gästezimmer und Gäste-WC untergebracht. Der südliche Teil der obersten Ebene hat einen offenen Grundriss: Wohnen, Kochen und Essen sind frei im Raum verteilt. In der Mitte dieser Zone gibt es einen kleinen windgeschützten Innenhof mit Baum und Sitzgruppe. Von der umlaufenden Terrasse bietet sich ein herrlicher Blick über die Dächer des Viertels und in die Ferne zum Schloss Solitude.

Baudaten:	
Wohnfläche:	260 m^2
Bewohner:	2 Erwachsene, 3 Kinder
Umbauter Raum:	850 m^3
Baukosten:	keine Angaben
Baubeginn:	Juni 1997
Fertigstellung:	Januar 1998

Architekten:

Finckh Architekten, Stuttgart

Auf dem Dach eines Wohn- und Geschäftshauses in Stuttgart hat ein komplettes Einfamilienhaus Platz gefunden.

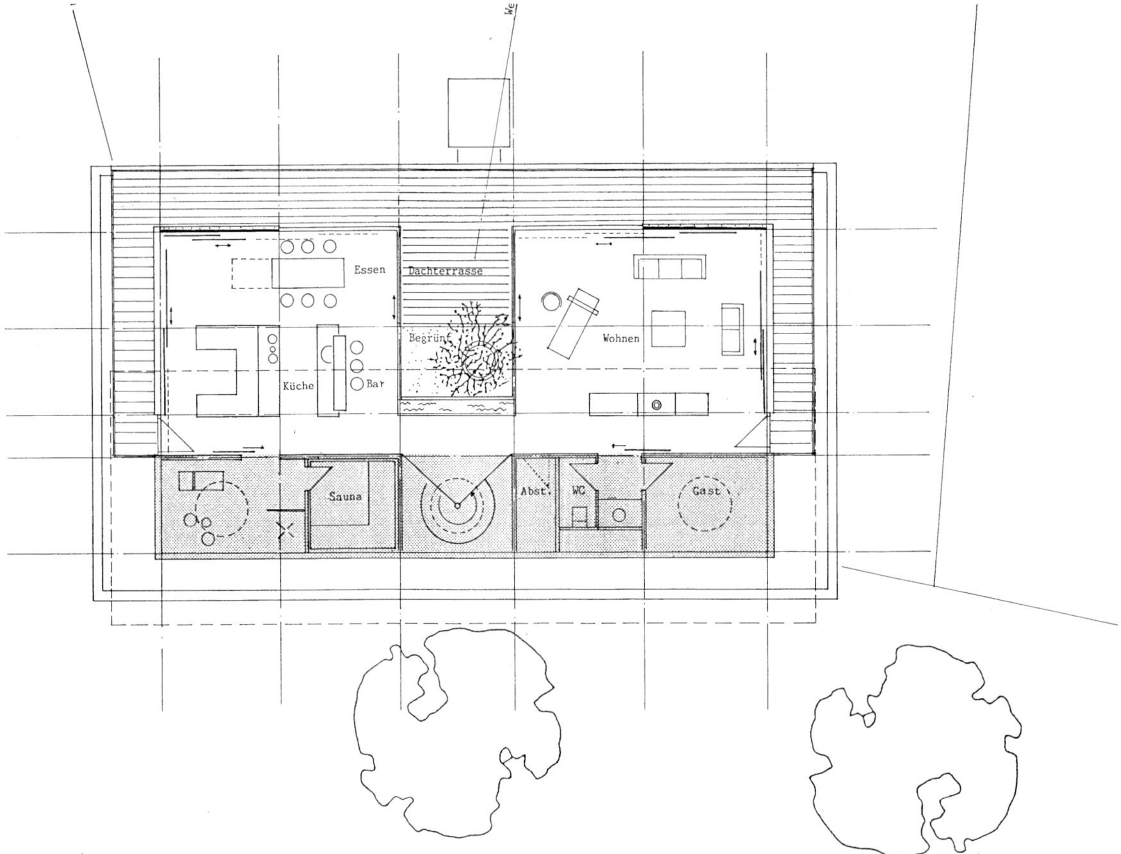

Grundriss Dachebene 2
Maßstab 1:200

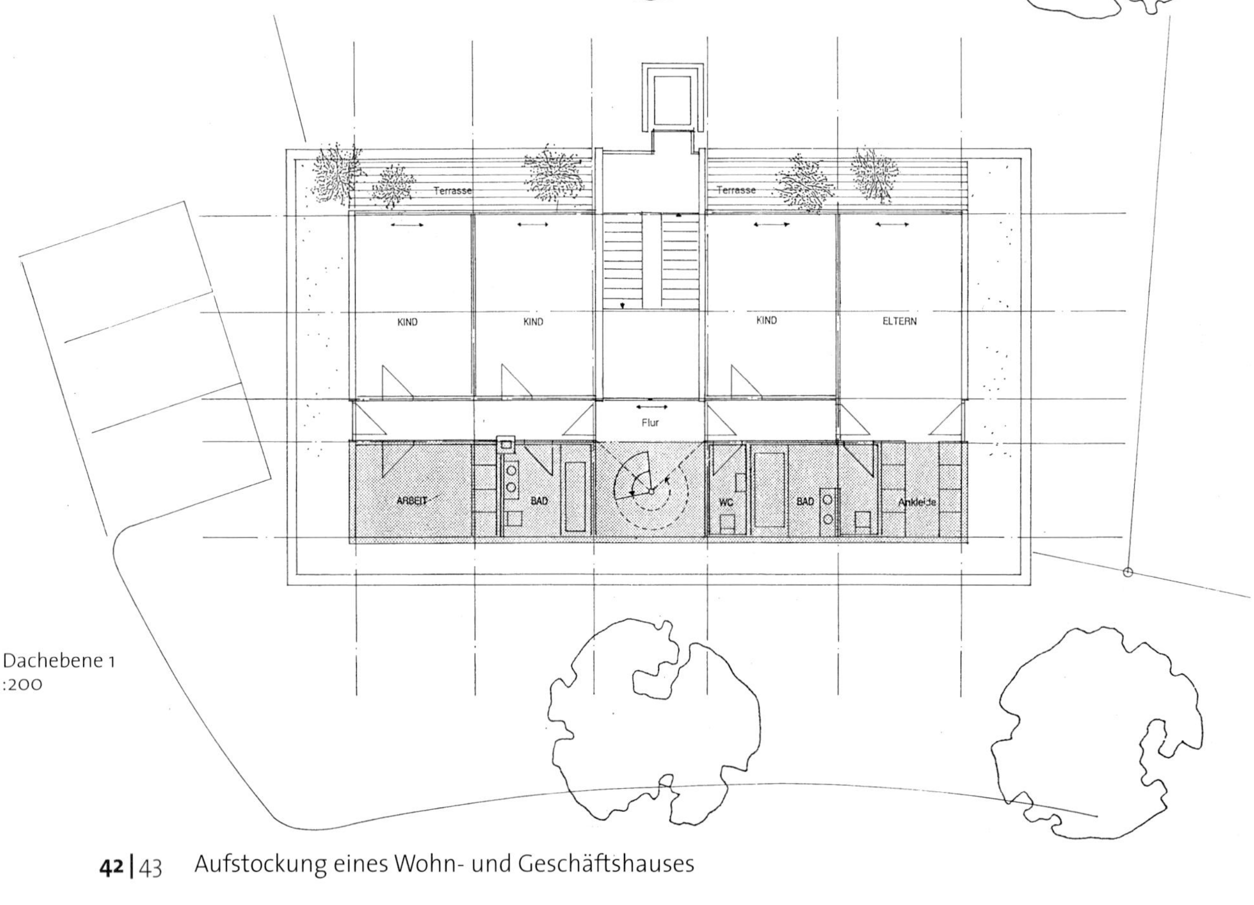

Grundriss Dachebene 1
Maßstab 1:200

Große Glasschiebetüren öffnen den Wohn- und den Essbereich zur windgeschützt angelegten Terrasse.

Von der Terrasse aus hat man einen herrlichen Blick über die Dächer des Viertels und in die Ferne zum Schloss Solitude.

Eine Wendeltreppe verbindet die beiden Geschossebenen der Wohnung miteinander.

Ein kleines Haus unter Bäumen am See

Anbau an ein Wohnhaus in München-Freimann

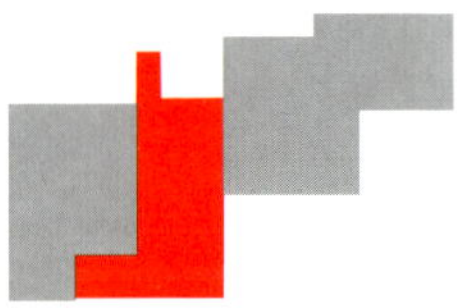

Ein Vormittag im Hochsommer. Die Sonne scheint auf einen schlammgrünen Teich mit Seerosen, gründelnden Stockenten und schilfbewachsenem Ufer. Drumherum stehen zwei Dutzend Siedlungshäuser aus den 50er-Jahren, konventionell, nichts Besonderes, aber doch auf ihre Art nett und heimelig. Im Hintergrund ein Hügel, auf dem sich ein Windrad dreht. Eine Idylle? Nur beinahe, denn nicht viel weiter als einen Kilometer entfernt befindet sich das Autobahnkreuz München-Nord. Und das hört man.

[Aufgabe] Die Besitzer eines dieser Häuser am See haben sich dazu entschlossen, die Wohnqualität ihres Heims durch einen Anbau zu verbessern. Zwei weitere Zimmer und eine von Autobahnlärm und Westwind abgeschirmte Terrasse wünschten sie sich vor allem anderen. Außerdem sollten die Energiebilanz des Hauses verbessert und die Erschließung neu organisiert werden.

[Konzept] Die große Qualität des Ortes begründet der See an der Südseite des Grundstücks. Dessen ungeachtet waren bisher die Wohnräume nach Westen, zum Garten hin orientiert. Wer ins Freie trat, war dem Lärm der Autobahn im Norden ungeschützt ausgeliefert. Durch den Anbau wird die Seeseite des Hauses breiter als die Gartenseite. Daraus ergibt sich ganz selbstverständlich eine Umorientierung der Wohnräume um 90 Grad nach Süden, hin zur neuen Terrasse, zur Sonne und zum See, geschützt vor Wind und Schall.

[Umsetzung] Von der Straße aus kann man in die neuen Räume hinein- und sogar durch sie hindurchsehen. Man ahnt bereits den schönen Ausblick auf den See, den man von drinnen haben wird. Zwei Schritte auf knirschendem Kies, dann sechs Stufen eine Stahltreppe hinauf, und man tritt durch die weiß lackierte Tür, die auf beiden Seiten von gläsernen Scheiben eingefasst ist, in die Erschließungszone. Sie ist zwar ein Teil des Neubaus, gleichzeitig aber auch ein neutraler Raum zwischen Alt und Neu. In diesem Gang ist das Flachdach verglast, so dass, wer nach oben blickt, in den Himmel schauen kann, dabei aber auch merkt, dass er sich unter dem Dachüberstand des alten Hauses befindet.

Den Bestand haben die jungen Architekten mit Sympathie und Respekt behandelt und ihn belassen, wie er war: massiv, dunkel, kühl, Geborgenheit vermittelnd. Die frühere Außenwand durfte ihre Attribute behalten: den Rauputz und drei kleine WC- und Küchenfenster mit Gittern davor. Rhythmus und Proportionen des Bestandes spiegeln sich über den Erschließungsgang im Anbau. Wo auf der einen Seite eine geschlossene Mauer ist, ist auf der anderen Seite ein geschlossenes Paneel, und wo auf der einen Seite die Maueröffnungen zum Treppenhaus und zur Küche sind, sind auf der anderen Seite die Durchgänge zum neuen Arbeits- und Esszimmer. Diese Übereinstimmungen bewirken, dass die beiden Baukörper auch in ihren Gegensätzen (Massivbau – Leichtbau, schattig – lichtdurchflutet, geschlossen – offen, Satteldach – Flachdach) miteinander harmonieren können. Zur perfekten Symbiose zwischen Alt und Neu trägt schließlich auch der hohe Dämmstandard des Anbaus bei. Minimale Wärmeverluste bei guter Ausnutzung solarer Einstrahlungswärme ermöglichen

Baudaten:	
Wohnfläche:	41 m^2 + 21 m^2 Terrasse
Umbauter Raum:	129 m^3
Baukosten:	200 000 DM
Fertigstellung:	1999

Architekten:
Lydia Haack + John Höpfner, München

Die neue Terrasse bietet einen vor Westwinden und den Schallemissionen der nahen Autobahn geschützten Platz am See.

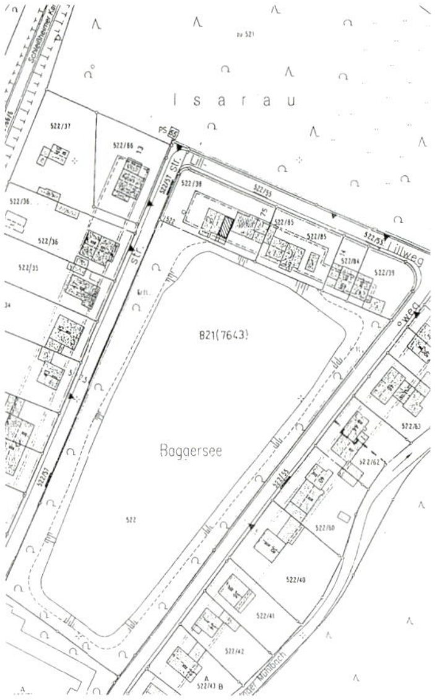

Maßstab 1:4500

Seit dem Anbau hat das Haus eine breitere Fassade zum Seeufer.

Grundriss Erdgeschoss
Maßstab 1:200

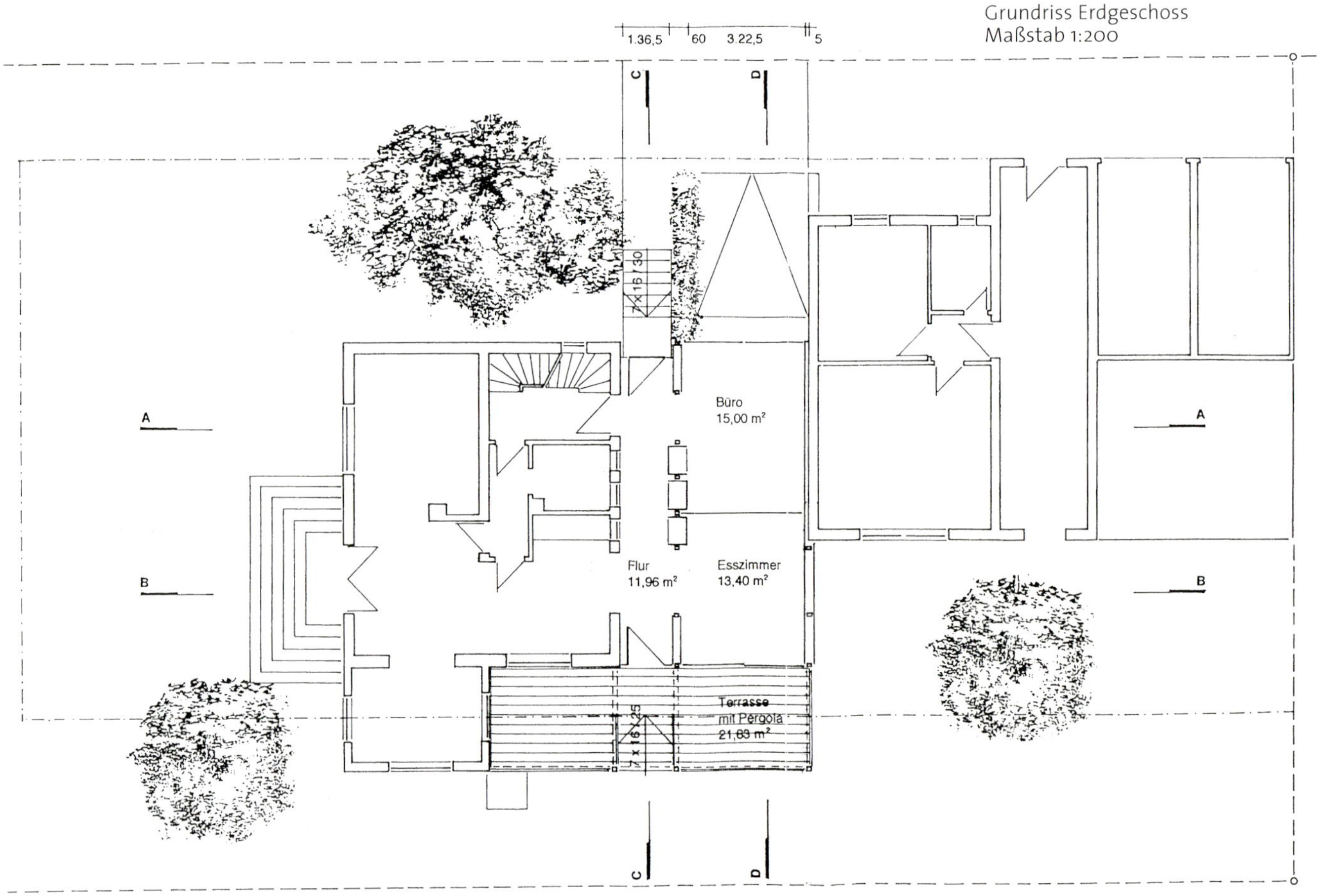

eine passive Solarnutzung, von der auch der Altbau profitiert.
Falls die Bewohner sich jemals dazu entschließen sollten, ihr Haus zu verkaufen und umzuziehen, können sie den von ihnen so geliebten Anbau mitnehmen: Alle Verbindungen der Holzskelett-konstruktion können mit geringem Aufwand gelöst und an anderer Stelle wieder zusammen-montiert werden. Nur: Seit dem Umbau fühlen sie sich so wohl in ihrem Haus am See, dass sie gar nicht mehr an einen Umzug denken wollen ...

Wahrhaft idyllisch ist der Ausblick vom Esszimmer über den See.

Ein schmaler Gang bildet die Fuge zwischen Bestand und Neubau.

Architektenhaus

Anbau an ein Wohnhaus aus den 30er-Jahren

Ein für seine High-Tech-Bauten bekannter französischer Architekt antwortete auf die Frage, warum er ausgerechnet in einer Jugendstilvilla wohne: »Ich suche den Konflikt!« Eine für den Berufsstand durchaus repräsentative Einstellung. Architekten setzen sich – gerade bei der Planung des eigenen Hauses – am liebsten mit etwas besonders Herausforderndem auseinander. Sei es nun ein Hang, der als unbebaubar gilt, ein seltsam geformtes Grundstück, das sonst niemand kaufen möchte oder ein Altbau, den manch anderer sofort abreißen würde.

[Aufgabe] Der Kauf des Grundstücks war mehr durch dessen guten Zuschnitt, die durchgrünte, einheitliche Siedlungsstruktur sowie die ruhige Lage begründet als durch die Qualität des Bauzustands des bestehenden Altbaus von 1936. Außer der Instandsetzung geringfügiger Kriegsschäden war 60 Jahre lang fast nichts verändert worden. Der Altbau musste total renoviert, die Haustechnik komplett erneuert werden. Außerdem sollte ein zweigeschossiger Anbau den Wohnbereich im Erdgeschoss erweitern und im Obergeschoss Raum für ein zweites Kinderzimmer schaffen.

[Konzept] Es zeigte sich, dass die Grundrissqualität des Altbaus und die statischen Möglichkeiten genug Freiraum für ein »offeneres« Wohnen im Erdgeschoss boten. Außer vergrößerten Türöffnungen wurde lediglich die Lage der Küche mit der der ehemaligen Garderobe und des WCs getauscht. Anstelle kleiner Nebenraumfenster bekam die Fassade nun ein großes, außen angeschlagenes Übereckfenster für die neue Küche. Das Baurecht erlaubte einen zum Garten hin orientierten zweigeschossigen Neubau von drei Metern Tiefe sowie einen Vorsprung von 70 Zentimeter gegenüber dem Altbau an der Südwestfassade. Dadurch konnte die vorhandene Wohnfläche von 120 auf 175 Quadratmeter erhöht werden. Das Dach wurde nicht ausgebaut, lediglich die Gastherme wurde vom Untergeschoss ins Dachgeschoss verlegt.

[Umsetzung] Der Neubau nimmt im Erdgeschoss ein Arbeitszimmer und im Obergeschoss ein zweites Kinderzimmer auf. Im Bereich des erhaltenen Schlafzimmerbalkons wurde ein zweigeschossiger Wintergarten als Erweiterung des Wohnraums geplant. Über ein großes, außen liegendes Schiebetor kann dieser Bereich unmittelbar zur Terrasse hin geöffnet werden.
Aus statischen, thermischen und akustischen Gründen sind die holzverkleidete Südwestwand sowie die Decke über dem Arbeitszimmer in Stahlbeton ausgeführt, der in den Räumen als lasierter Sichtbeton belassen wurde.
Die Tragkonstruktion der Fassade sowie die Sparren sind aus Furnierschichtholz hergestellt. Die Holzfüllungen aus Seekieferplatten, die Festverglasung sowie Öffnungsflügel und Türen werden durch angeschraubte Alu-Deckleisten gehalten. Die verglasten Teile der Neubaufassade beziehen sich exakt auf die vergrößerten Altbauöffnungen. Der mit Abstand zur Fassade montierte Sonnenschutz

Baudaten:

Wohnfläche:	gesamt: 175 m²
	Anbau: 55 m²
Umbauter Raum:	Anbau: 180 m³
Baukosten:	gesamt (mit Renovierung des Altbaus und Erneuerung der Haustechnik) ca. 500 000 DM; Anteil des Anbaus an den Gesamtkosten: ca. 180 000 DM
Baubeginn:	Januar 1994
Fertigstellung:	Oktober 1994

Architekt:

Kai Haag im Büro Drei Architekten + Partner, Stuttgart

Der symmetrisch angebrachte Sonnenschutz steht im Kontrast zur asymmetrisch gestalteten Fassade.

ist um einen Meter nach Süden versetzt angeordnet. Dadurch werden die Fenster in der Mittagssonne verschattet. Die Fassade erscheint mit Markisen symmetrisch, ohne Markisen asymmetrisch. Ein funktionales Spiel mit der Geometrie.

Grundriss Erdgeschoss
Maßstab 1:100

Der drei Meter tiefe Neubau ist zum Garten hin orientiert.

An der Straßenfassade sind der Windfang und das Küchenfenster als neu hinzugefügte Elemente zu erkennen.

Die Materialien im Anbau wurden teilweise roh belassen.

Die Küche ist über ein großes, außen angeschlagenes Übereckfenster belichtet.

Kein Architekt kommt ohne das bekannte Tischgestell von Egon Eiermann aus.

Drei Stufen führen vom Niveau des Bestandes hinunter zum Sitzplatz im Anbau.

Der erhaltene Schlafzimmerbalkon ragt in den zweigeschossigen Wintergarten des Erweiterungsbaus hinein.

Metamorphose

Aufstockung eines Wochenendhauses bei Wien

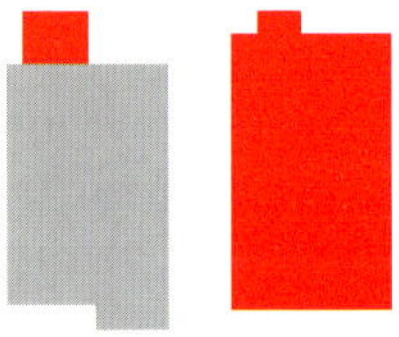

Vom hässlichen kleinen Entlein in einen schönen Schwan haben die Wiener Architekten Gabriele Hochholdinger und Franz Knauer ein kleines Haus in Niederösterreich verwandelt. Vorher war es eng, dunkel und gedrungen, jetzt wirken die Räume hell und großzügig, die Proportionen des Baukörpers stimmen. Ein nachahmenswertes Beispiel!

[Aufgabe] Das kleine, erdgeschossige Wochenendhaus aus den frühen 70er-Jahren liegt in einer Einfamilienhaussiedlung im Einzugsgebiet von Wien, in einer von architektonischer Belanglosigkeit geprägten Umgebung. Es sollte durch eine Erweiterung mehr Raum für den ständigen Aufenthalt bieten.

[Konzept] Der Umbau konzentrierte sich in erster Linie auf die Schaffung eines neuen Obergeschosses. Der Großteil der vorhandenen Bausubstanz im Erdgeschoss wurde auf Wunsch der Bauherren nicht wesentlich verändert, aber umstrukturiert und zum Garten hin erweitert.

[Umsetzung] Die Eingriffe in den Bestand sind durch die einheitliche Verwendung eines Materials gekennzeichnet: Die Außenwände im Obergeschoss, die Schwingflügel-Fensterrahmen, die Dachkonstruktion und die Untersicht des weit ausladenden Dachvorsprungs sind aus schichtverleimten, naturbelassenen Lärchenholzpaneelen gefertigt. Diese Homogenität des Neuen steht in bewusstem Gegensatz zur vorhandenen Ziegel-Lochfassade im Erdgeschoss. Die ebenerdig entstandene Erweiterung der Wohnfläche durch die Erkerkonstruktion schließt dagegen an die bestehende Ziegelbauweise an.
Im Inneren des Hauses wurde die Raumkonzeption so verändert, dass sich Bad, Schlaf- und Arbeitsraum nun im Obergeschoss befinden. Der Wohnbereich wurde im Erdgeschoss durch einen Wintergartenerker erweitert und über eine neu errichtete Treppe mit dem Obergeschoss verbunden. Der Treppenraum ist als bis zum Dach offener Bereich mit umlaufender Galerie ausgebildet. Die Dachkonstruktion ist im gesamten Obergeschoss sichtbar. Der Effekt des erlebbaren Dachraumes wird durch Oberlichtverglasungen verstärkt.
Die neuen Fensteröffnungen sind so angeordnet, dass in den Haupterschließungsachsen und Blickrichtungen immer der unmittelbare Bezug von außen und innen vorhanden ist. Das hereinfallende Tageslicht, die im Innenraum verwendeten hellen Materialien (Ahorn, Buche im Obergeschoss, Travertin im Erdgeschoss, weiße Wände und Türen) und die differenziert ausgebildeten Raumfolgen geben dem eher kleinen Haus eine wohltuende Weite und Luftigkeit. Die neuen Räume sind bewusst offen gehalten, eine im Raum stehende Wandscheibe dient als Paravent, definiert die Raumgrößen, ohne den Raum zu teilen. Im Obergeschoss kann der Galeriebereich mittels einer großen Schiebetüre in einen Raum für Gäste abgetrennt werden.
Im rückwärtigen Gartenteil wurde dem Gebäude eine Terrasse mit Pergola vorgelagert, die einen Gartenhof, einen zusätzlichen Außen-Wohnraum,

Baudaten:

Wohnfläche:	125 m^2
Umbauter Raum:	500 m^3 (Wohnen), 75 m^3 (Sauna)
Baukosten:	3200 DM/m^2 Wohnfläche
Baubeginn:	Oktober 1994
Fertigstellung:	Juli 1995

Architekten:
Hochholdinger-Knauer, Wien

Die Aufstockung ist aus schichtverleimten, naturbelassenen Lärchenholzpaneelen gefertigt.

entstehen läßt. Die räumliche Nähe der Pergolastützen zum raumhoch verglasten Erker schafft hier eine weitere Verknüpfung zwischen innen und außen. Die vorhandene Garage wurde zu einer Sauna umgenutzt und durch eine große Fensteröffnung in den Gartenhof mit einbezogen. Das Haus erfuhr durch den Umbau auch einige technische Aufwertungen: Eine Heizung wurde eingebaut und die bestehenden Erdgeschosswände erhielten eine außen liegende Wärmeisolierung.

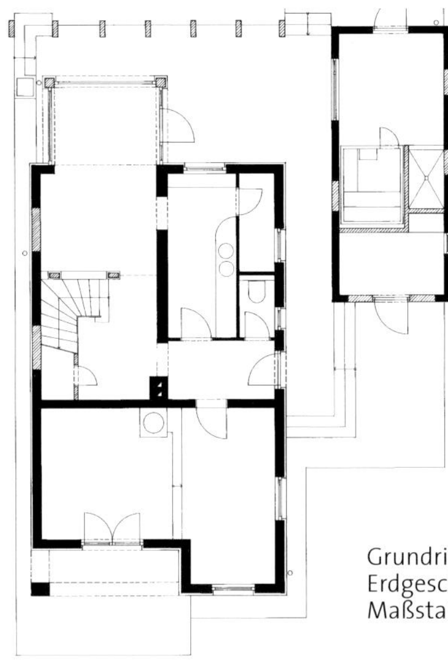

Grundriss
Erdgeschoss
Maßstab 1:200

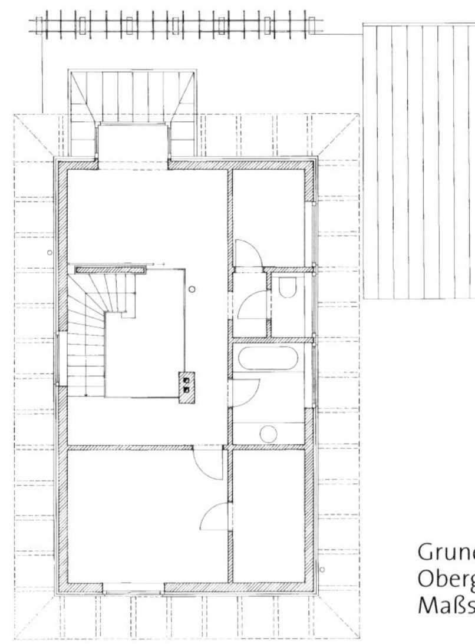

Grundriss
Obergeschoss
Maßstab 1:200

Südansicht

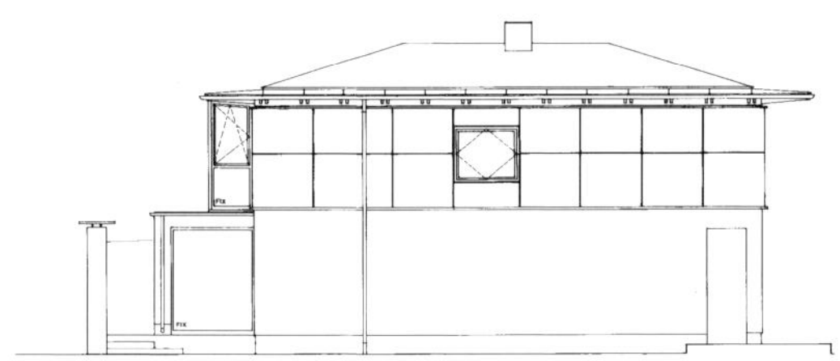

Westansicht

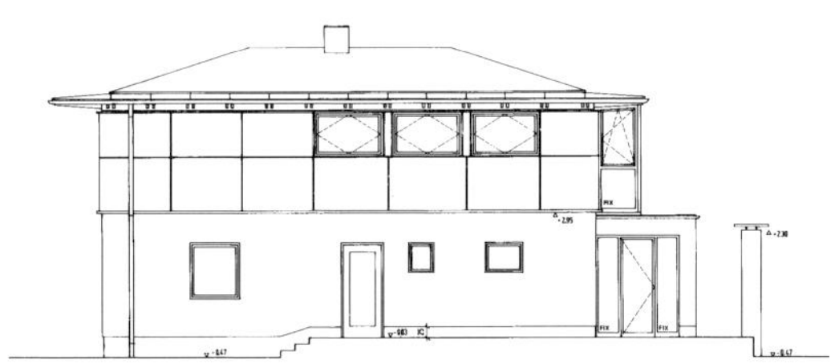

Ostansicht

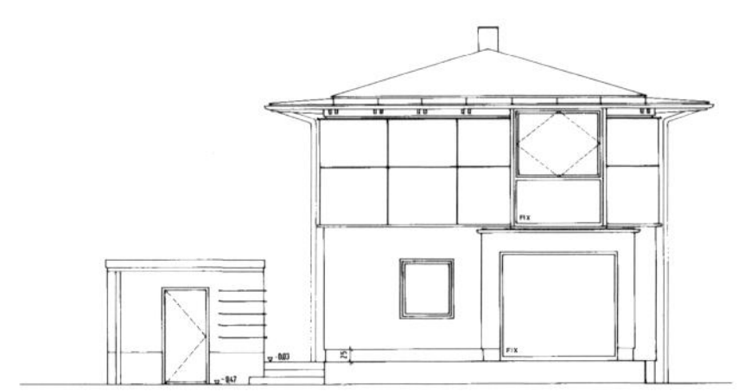

Nordansicht

Im Innenraum wurden überwiegend helle Materialien wie Ahorn, Buche, Travertin und weiß gestrichene Wände und Türen verwendet.

Im Obergeschoss kann der Galeriebereich mittels einer großen Schiebetüre in einen Raum für Gäste abgetrennt werden.

Häuschen im Grünen

Eine Gartenlaube in Vilgertshofen

Im westlichsten Oberbayern, hart an der Grenze zu Schwaben, wo man auf der Landstraße noch Gefahr läuft, in eine Kuhherde hineinzugeraten, liegt Vilgertshofen: eine Barockkirche, ein Gasthof, zwei Straßen. Und, ganz unerwartet und versteckt, eine kleine Gartenlaube, die mit dem bayerischen Holzbaupreis 1998 ausgezeichnet worden ist.

[Aufgabe] Im Garten eines vor zehn Jahren vom selben Architekten geplanten Hauses wünschten sich die Bauherren einen wind- und wettergeschützten Raum, um darin Kaffee zu trinken, Feste zu feiern oder einfach nur zu sitzen und in die Landschaft – die weichen Endmoränen des Lech-Ammersee-Gebiets – hinauszuschauen.

[Konzept] SCHÖNHEIT?

SCHÖN ist ein Haus, das unserem Lebensgefühl entspricht. Dieses verlangt: LICHT, LUFT, BEWEGUNG, ÖFFNUNG.

SCHÖN ist ein Haus, das leicht aufruht und allen Bedingungen des Terrains sich anpassen kann.

SCHÖN ist ein Haus, das gestattet, in Berührung mit Himmel und Baumkronen zu leben.

SCHÖN ist ein Haus, das anstelle von Schatten (Fensterpfeiler) Licht hat (Fensterwände).

SCHÖN ist ein Haus, dessen Räume kein Gefühl von Eingesperrtsein aufkommen lassen.

SCHÖN ist ein Haus, dessen Reiz aus dem Zusammenwirken wohlerfüllter Funktionen besteht.

Sigfried Giedion 1929

[Umsetzung] Die neue Gartenlaube steht hinter dem Wohnhaus, dort, wo die Wiesen und Felder beginnen. Um ihre Funktion als Standort für Naturbeobachtungen zu unterstreichen, ist die Konstruktion auf vier einbetonierten Stahlprofilen aufgeständert und auf diese Weise wie ein Hochsitz über die Landschaft erhoben. Nach Süden und Westen, dem Ort zu, ist der Raum geschlossen, nach Norden und Osten, der Landschaft zu, großflächig verglast. Die Laube besteht im Wesentlichen aus neun Balken, sechs Platten und der Außenschalung. Ein Holzbalkenkranz mit eingelegter Mehrschichtplatte bildet die untere Scheibe des Hauses. Die Wände bestehen aus 50 mm dicken, frei stehenden Mehrschichtplatten, die auch die Aussteifung übernehmen. Über eine Stütze (6 x 6 cm) und diese Wandscheiben wird die Last des Dachkranzes abgetragen. Die Dachplatte ist wie die Bodenplatte über 3 Meter frei gespannt. Die Auskragung über die halbe Feldbreite wird über den jeweiligen Kranz abgetragen. Im Dachbereich bildet dieser Holzbalkenkranz die Attika des um 3 Zentimeter geneigten Daches. Bei einem Ortstermin hat der Architekt verraten, nach welchem Kriterium er die Dimensionen der Laube bestimmt hat: Sie ist so klein wie möglich und so groß, dass in ihr zwei Biertische und die dazugehörigen vier Bänke Platz finden …

Baudaten:	
Wohnfläche:	15 m^2
Umbauter Raum:	40 m^3
Baukosten:	12 000 DM
Bauzeit:	3 Tage im Juli 1998

Architekten:
Holzfurtner und Bahner, München

Eine Glasscheibe schützt den Platz für den Liegestuhl vor dem Wind.

Von der Gartenlaube aus hat man einen wunderschönen Blick in die Endmoränen-Landschaft des Lech-Ammersee-Gebiets.

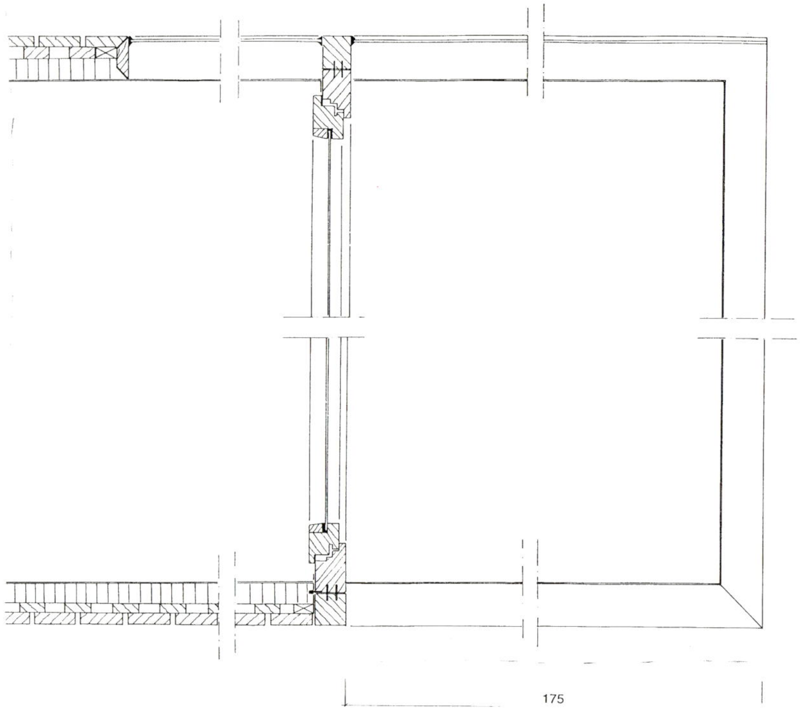

Horizontalschnitt
Maßstab 1:20

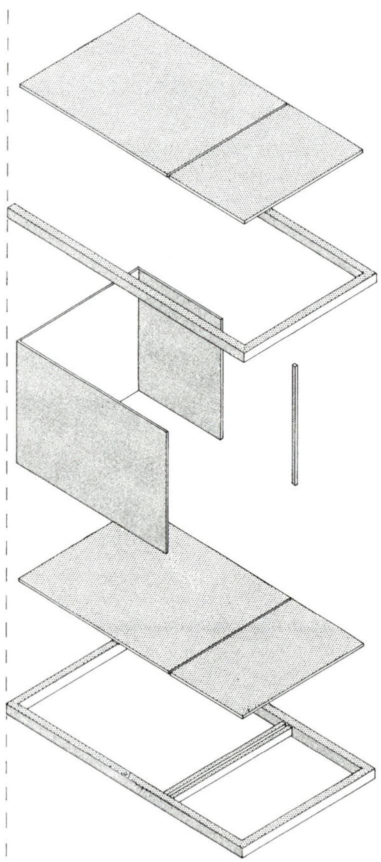

Explosions-axonometrie

Die Laube besteht im Wesentlichen aus neun Balken, sechs Platten und der Außenschalung.

... mit Zwischenraum, hindurchzuschaun.
Erweiterung eines Siedlungshauses in Kempten

Wegen seiner außergewöhnlichen Harz- und Gerbstoffhaltigkeit eignet sich Lärchenholz besonders gut für die Verwendung im Außenbereich. Wenn es konstruktiv richtig eingesetzt wird, muss es weder imprägniert noch oberflächenbehandelt werden und ist deshalb ideal für Bauherren, die sich bei der Wahl der Materialien Gedanken über Nachhaltigkeit und Wiederverwendbarkeit machen – wie es bei diesem Projekt der Fall war.

[Aufgabe] Ein Siedlungshaus aus den 50er-Jahren sollte modernisiert und zum Niedrigenergiehaus aufgerüstet werden. Weil es oberhalb einer stark befahrenen Ringstraße an einem Südwesthang liegt, war der Schutz vor Lärm und Einblicken ein großes Anliegen der Bauherren. Außerdem wünschten sie sich eine Terrasse, die sie trotz der Lärmemissionen der Straße benutzen können.

[Konzept] Die Architekten hatten die Idee, das ganze Haus inklusive Terrasse mit einer Art Vorhang aus Lärchenholzbrettern zur Straße hin abzuschirmen. Der Effekt ist der gleiche wie bei einer Jalousie: Steht man direkt davor, so kann man hindurchschauen. Befindet man sich weiter entfernt, werden die Bretter zur undurchsichtigen Wand. Dieser »Vorhang« dient auch als Lärmschutzwand. Außerdem wurde ein Farbkonzept erarbeitet, das sich allerdings erst mit der Zeit einstellen sollte: Der unbewittert rote Lärchenholzvorhang wird bewittert grau werden, die stahlverkleidete Küchenbox, die aus dem Vorhang herausragt, wird ihr Schwarz gegen Rostrot eintauschen.

[Umsetzung] Vom Bestand blieben Keller, Treppenhaus, Sanitärbereich und ein Schlafzimmer erhalten, also der Sockel und die »Bergseite« des Hauses. Das vorhandene, 30 cm dicke Mauerwerk wurde auf zwei Vollgeschosse aufgemauert und energietechnisch optimiert durch zusätzliche Wärmedämmung und eine zementgebundene, naturbelassene Plattenverkleidung. Der in Holzständerbauweise errichtete Neubaubereich (die zur Straße, aber auch zur Sonne gelegene »Talseite« des Hauses) mit großflächigen Wärmeschutzverglasungen ist hochwärmegedämmt. So wurde der Niedrigenergiestandard leicht erreicht, zumal zusätzlich eine Solaranlage für Brauchwasser und Heizwärme installiert wurde. Wand- und Deckenelemente der Holzkonstruktion konnten im Werk vorgefertigt werden, was Zeit und Kosten sparte.

Baudaten:

Wohnfläche:	150 m²
Umbauter Raum:	1080 m³
Baukosten:	430 000 DM
Baubeginn:	Juni 1997
Fertigstellung:	1998

Architekten:
Kehrbaum + Engel, Kaufbeuren

Eine Art Vorhang aus Lärchenholzbrettern schirmt das Haus zur Straße hin ab.

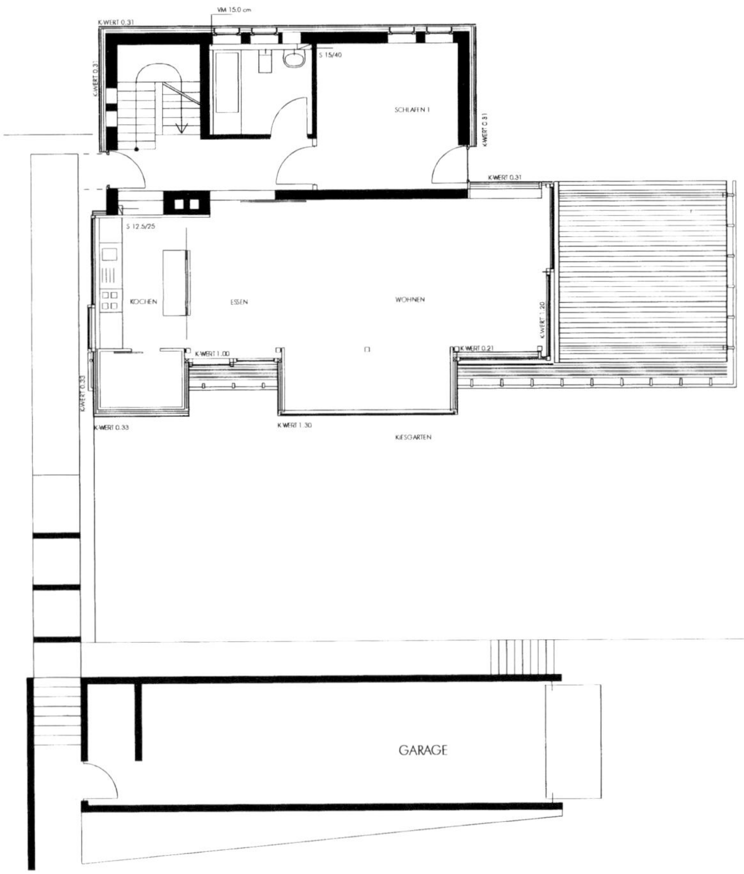

Grundriss Erdgeschoss
Maßstab 1:200

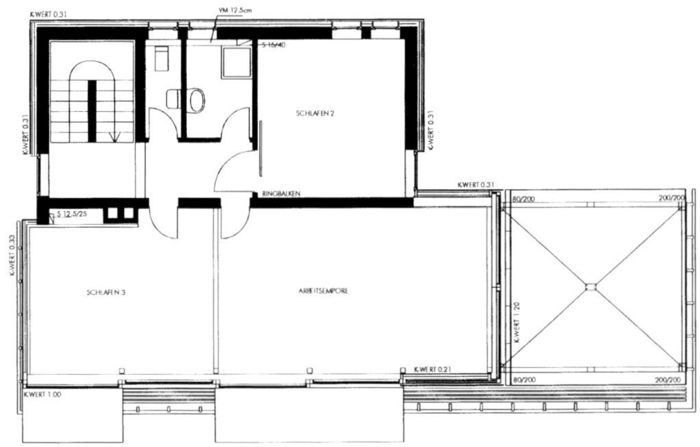

Grundriss Obergeschoss
Maßstab 1:200

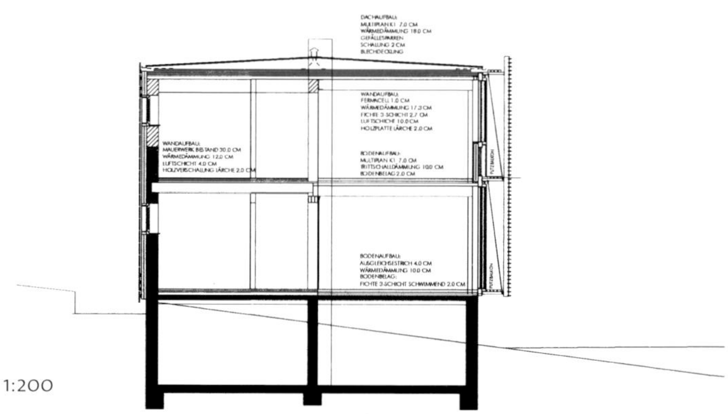

Schnitt
Maßstab 1:200

Die Terrassenkonstruktion ist mit Stahlseilen ausgesteift.

Auch die Terrasse ist zur Straße hin durch den »Lärchenholzvorhang« abgeschirmt.

Die Küche ist an ihrer Außenfassade mit Stahl verkleidet, der mit der Zeit eine rostfarbene Patina bekommen wird.

Bei geöffneter Schiebetüre
wird die Terrasse zum Teil
des Wohnbereichs.

Mit Fernsicht
Attikawohnung in Kreuzlingen

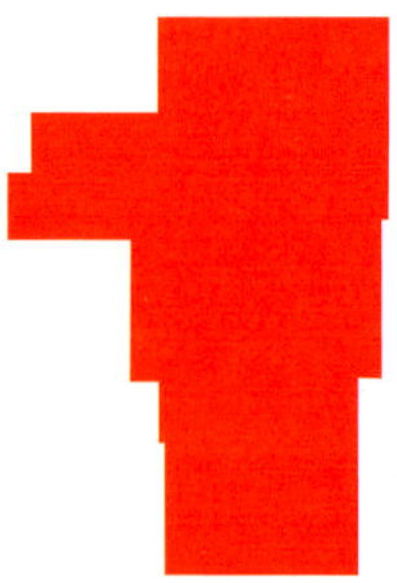

Wie eine Ritterburg auf einem Berggipfel thront diese Wohnung auf einem Mehrfamilienhaus aus den 80er-Jahren und hat Kreuzlingen und den Bodensee unter sich. Bei einer solch außergewöhnlichen Aussichtslage war für den Architekten, der selbst aus der Gegend stammt, das Thema der Bauaufgabe klar vorgegeben: die Inszenierung der Ausblicke auf Stadt, See und Berge.

[Aufgabe] Auf dem Flachdach eines Mehrfamilienhauses, 20 Meter über dem Wasserspiegel des Bodensees und mit Rundumblick über Kreuzlingen, sollte eine Mietwohnung für zwei Personen mit größtmöglicher Grundfläche gebaut werden. Um das Haus bei geöffnetem Dach nicht länger als nötig der Witterung auszusetzen, durfte die Montage des Rohbaus lediglich drei Tage dauern.

[Konzept] Um den Zeit- und Kostenrahmen einhalten zu können, fiel die Entscheidung für eine Konstruktion aus modularen Holzbauelementen. Diese können im Werk unter optimalen Bedingungen und unabhängig vom Wetter vorgefertigt und dort sogar schon mit einem Teil der Installationen bestückt werden. Ein weiterer Vorteil ist der, dass eine Holzkonstruktion eine vergleichsweise geringe Gewichtsbelastung für den Bestand darstellt. Die Montage vor Ort, das heißt die Erstellung des Rohbaus, geht bei guter Koordination der am Bau Beteiligten problemlos und schnell vonstatten.

[Umsetzung] Das bestehende Gebäude ist zu zwei Dritteln seiner Grundfläche viergeschossig und zu einem Drittel dreigeschossig. Durch die Aufstockung wird das vierte Geschoss vervollständigt und ein fünftes kommt hinzu. Die Erschließung erfolgt über das bestehende Treppenhaus. Wo früher der Dachaustritt war, ist jetzt die Eingangstür zur neuen Wohnung. In der Eingangsebene befinden sich ein Gäste- oder Arbeitszimmer mit kleiner Terrasse und ein Bad. Über eine zweiläufige Treppe in einem als transparenter Körper gestalteten Treppenraum gelangt man auf die obere Wohnebene. Diese ist in zwei Bereiche geteilt: einen großen »Tag-Raum« mit offenem Grundriss zum Kochen, Essen und Wohnen und einen »Nacht-Bereich« mit Schlafzimmer, Ankleide, Abstellfläche und Bad. Durch großformatige Fenster gelangt viel Licht in die Räume. Für den Fall, dass die Sonne zu stark hineinscheint, sind außen vor den Fenstern raumhohe, gelb lackierte Tischlerplatten als verschiebbarer Sonnenschutz angebracht. Die Terrassen sollen ein Pendant der Innenräume im Außenbereich sein. Die Konstruktion der Nordwest-Terrasse folgt demselben Prinzip wie die der Innenräume. Deshalb ist hier durch eine spätere Bestückung mit Glaselementen eine Umwandlung in eine Veranda möglich. Die übrigen Terrassen sind als Pergolen gestaltet und allesamt intensiv begrünt. Ein zeitgesteuertes Pumpensystem sorgt dafür, dass die Pflanzen regelmäßig bewässert werden.

Baudaten:	
Wohnfläche:	174 m²
Bewohner:	2
Umbauter Raum:	480 m³
Baukosten:	295 000 sFr (oder 354 000 DM)
Baubeginn:	Oktober 1998
Fertigstellung:	Dezember 1998

Architekt:
Elmar Kleiner, Berlin, mit Thomas Schaz

Auf dem Dach eines noch gar nicht alten Mehrfamilienhauses ist nachträglich eine Attikawohnung mit Blick über Kreuzlingen und den Bodensee entstanden.

Grundriss
4. Obergeschoss
Maßstab 1:200

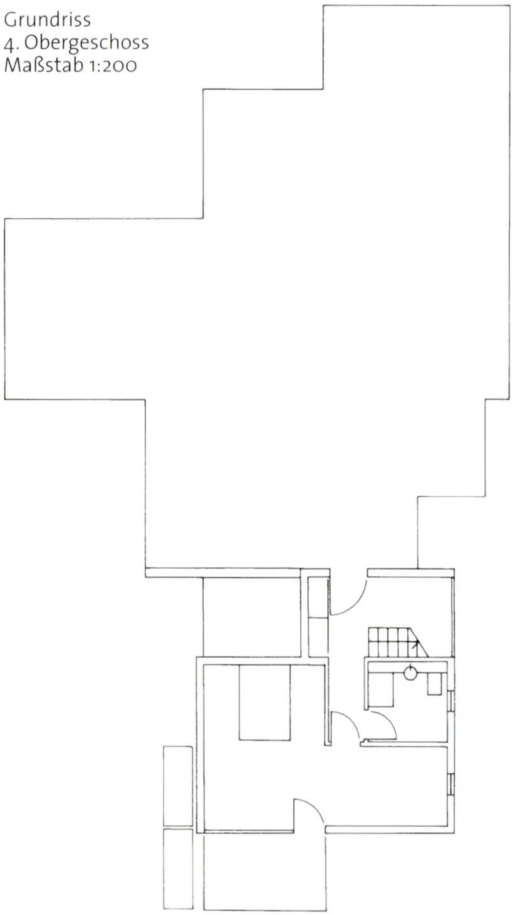

Grundriss
5. Obergeschoss
Maßstab 1:200

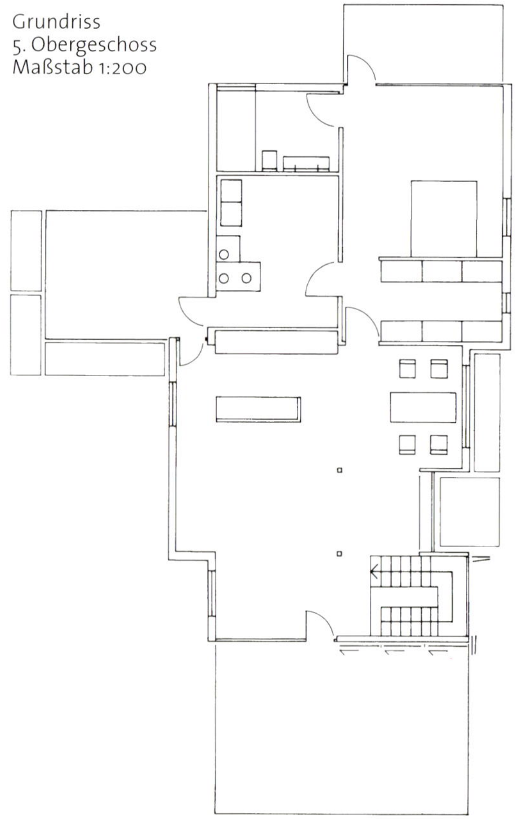

Das Badezimmer ist ganz in gelbes Licht getaucht.

In nur drei Tagen war der Rohbau des zweigeschossigen Aufbaus errichtet.

Zahlreiche Terrassen ermöglichen Ausblicke nach allen Himmelsrichtungen.

Kinder, Kinder!

Kinderzimmeranbau in Weiden

Eins, zwei, drei, vier: Johannes, Babsi, Bernd und Evi. Vier Kinder wohnen zusammen mit ihren Eltern in einem 95 Quadratmeter kleinen Siedlerhaus aus den 30er-Jahren in Rehbühl, einem Ortsteil der Stadt Weiden in der Oberpfalz. Was macht der Papa, wenn er Architekt ist? Richtig, er stellt ein knallrotes Haus in den Garten, nur für seine Kinder. Mit einem eigenen Zimmer für jeden und einem großen Raum für alle. Glückliche Oberpfalz!

[Aufgabe] Die Kinder sollten in einem Anbau ein eigenes helles, freundliches und lichtdurchflutetes Reich bekommen, das ihnen Raum bietet, ihre Kreativität in Spiel, Bewegung und Kommunikation zu entfalten und in dem sie sich gleichzeitig frei und geborgen fühlen können. Der Neubau sollte einen eigenen Charakter haben, sich aber trotzdem in den Bestand einfügen, ohne die unprätentiöse Ausstrahlung des Siedlerhauses, des Hofbereichs und des Gartens zu stören.

[Konzept] Das längliche Grundstück grenzt im Norden an eine viel befahrene Straße. Das Wohnhaus steht im Westen, ein kleiner Geräteschuppen im Süden. Der neue Baukörper ist als Riegel parallel zur Straße an der Grundstücksgrenze platziert und bildet zusammen mit den beiden anderen Baukörpern einen vom Straßenlärm abgeschirmten, sonnigen Hof.

[Umsetzung] Vom zentral gelegenen Windfang aus, der Schnittstelle zwischen Bestand und Anbau, erreicht man über eine filigrane Stahltreppe den Erschließungsgang zu den Kinderzimmern und über ein massives Treppenpodest den Spielbereich im Untergeschoss. Dieser kann mit Hilfe einer Schiebewand beliebig unterteilt werden. Die Trennwände zwischen den Kinderzimmern sind als Einbauschränke mit eingehängten Regalbrettern ausgeführt, die Schiebetüren bestehen aus Glas in Verbindung mit Lochblech, Aluminium, Riffelblech oder Buchen-Multiplexplatte. Die Betten der Kinder können über einfache Handkurbeln tagsüber zur Decke hochgezogen werden. Die Fenster wurden entsprechend ihrer Funktion gestaltet. Der Fensterschlitz nach Süden lässt Licht in den Raum und gewährleistet den Ausblick auf den Hof. Die Be- und Entlüftung funktionieren über Lichtkuppeln im Dach. Alle Türen vom Flur in die Kinderzimmer sind Schiebetüren und wurden nach den Wünschen der Kinder individuell farbig behandelt. Im Inneren sind als Materialien hauptsächlich Glas und Sichtbeton eingesetzt, für die Einrichtung auch Buche und Stahl. Im Außenbereich wurden natürliche Elemente wie die rot gestrichene Holzverkleidung und das begrünte Dach eingesetzt.
Auch an die Zukunft ist gedacht: Die Raumaufteilung im Kindertrakt kann flexibel der jeweiligen Situation in der Familie angepasst werden. Wenn alle Kinder flügge geworden sind, kann der Anbau komplett vom alten Wohnhaus abgekoppelt werden und, mit Küche und Bad nachgerüstet, den Eltern als »Austragshäusl« dienen.

Baudaten:	
Wohnfläche:	95 m²
Bewohner:	6
Umbauter Raum:	313 m³
Baukosten:	ca. 135 000 DM
Fertigstellung:	1997

Architekt:
Hans Kneidl, Weiden

In der knallroten Holzkiste finden die vier Kinderzimmer Platz und im Kellergeschoss ein großer Spielraum zum Malen, Töpfern, Musik hören, Feste feiern …

Der schmale Erschließungsgang im Norden ist als 15 Meter langer Glasriegel aus Industrieglas konzipiert.

Geräteschuppen, Altbau und Neubau bilden zusammen einen vor Straßenlärm geschützten, sonnigen Hof.

In dem über die Hauskanten auskragenden Flurteil befindet sich ein kleines »Kindercafé«.

Grundriss
Kellergeschoss
Maßstab 1:200

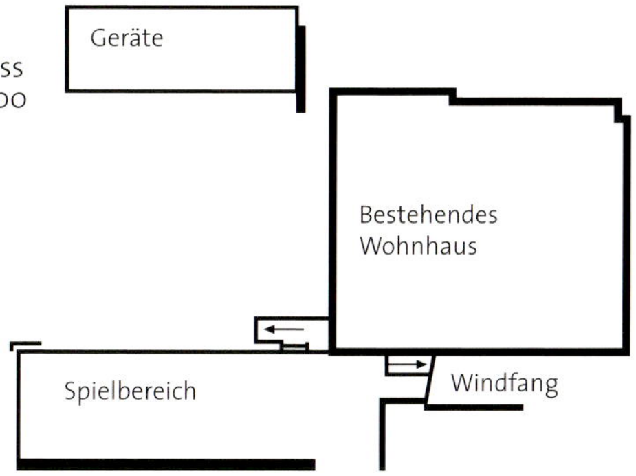

Grundriss
Erdgeschoss
Maßstab 1:200

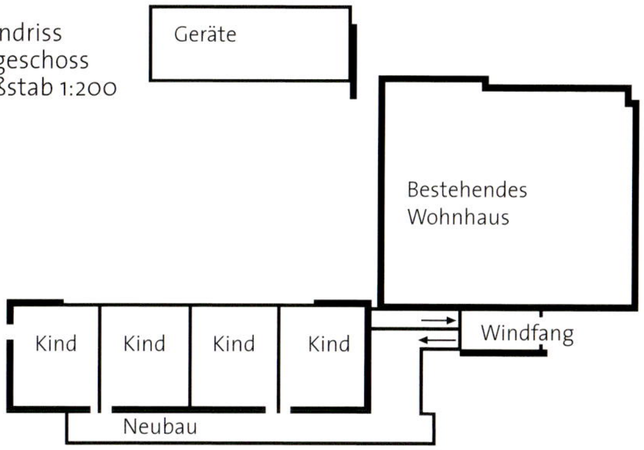

Sichtbeton, Stahl, Glas und Buchenholz sind die Materialien im Inneren des Neubaus.

Brückenschlag
Wohn- und Bürohauserweiterung in Weissensberg

Ein Anbau schafft nicht immer nur mehr Raum, sondern kann, etwa durch eine neue Organisation der Erschließung, auch eine deutliche Verbesserung für die Nutzung des Bestandes bewirken. Um in dieses Haus in Weissensberg zu gelangen, mussten die Bewohner früher von der Straße aus über eine Außentreppe erst die Böschung zum Eingang hinuntergehen, um dann im Haus wieder eine Treppe zur Wohnung hinaufzusteigen. Jetzt, nach dem Umbau, erreichen sie ihre Wohnung bequem über einen Steg, der die Böschung überbrückt.

[Aufgabe] Ein Wohn- und Bürohaus aus den 70er-Jahren sollte erweitert werden und ein neues »Gesicht« bekommen. Die Bauherrschaft wünschte sich einen zusätzlichen Raum mit Nasszelle, der entweder als Studio oder als Büroraum dienen sollte, eine große Terrasse und eine Doppelgarage mit integrierter Werkstatt.

[Konzept] Die diversen Satteldächer des Bestandes mit verschiedenen Giebelrichtungen ergeben eine, so drückt sich der Architekt aus, »kaum fassbare Dachlandschaft«. Um diese Situation zu beruhigen, entwickelte er für den Neubau eine Gebäudeform mit stark reduzierter Formensprache. Ein Flachdachgebäude, holzverschalt auf einem Betonsockel, schien ihm die richtige Kombination aus zeitgemäßer Formensprache und traditionellen Materialien zu sein. Alt und Neu sollten nicht lediglich beziehungslos nebeneinander stehen, sondern es sollte ein spannungsreicher Kontrast entstehen.

[Umsetzung] Vor dem Umbau befand sich der Haupteingang im Erdgeschoss und damit, weil das Haus an einer Böschung gelegen ist, deutlich unter dem Niveau der Straße. Jetzt wurde der Eingang in das erste Obergeschoss verlegt. Erschlossen wird er über eine elf Meter lange Brücke. Die Wohnung ist nun dank dieser Maßnahme ohne Treppe erreichbar.
Der neu geschaffene Wohnraum, der im Norden des Bestandes liegt, ist nach Osten großflächig geöffnet. Zusätzlich gewährleistet ein Oberlichtband an der West- und Nordfassade eine ausreichende natürliche Belichtung. Die große neue Dachterrasse wird über eine Aufstockung des bestehenden Treppenhauses erschlossen.
Die Wände der Doppelgarage, welche den Sockel des Neubaus bildet, bestehen aus 24 Zentimeter starkem, unbehandeltem Stahlbeton. Als Geschossdecke wurde eine 12 cm starke Brettstapeldecke verwendet, deren obere Fläche gehobelt und geölt wurde und so als fertiger »Bodenbelag« funktioniert. Diese Maßnahme ermöglichte eine Kostenreduktion, da auf den sonst üblichen Aufbau aus Dämmung, Trittschalldämmung, Estrich und Parkett verzichtet werden konnte. Die notwendige Dämmung wurde in der abgehängten Decke der Garage untergebracht.
Der gesamte Aufbau ist in moderner Ingenieur-Holzbauweise ausgeführt. Der Konstruktionswechsel zwischen Sockel und Fassade ist auch in der Fassade klar ablesbar. Für das Dach wurde die gleiche Konstruktion wie für die Geschossdecke gewählt. Die aufgebrachte Gefälledämmung mit Bitumenschweißbahn dient als Wasser führende Schicht, der aufgelegte Lärchenrost als Belag der

Baudaten:	
Wohnfläche:	103 m²
Umbauter Raum:	404 m³
Baukosten:	280 000 DM (1350 DM/m²)
Baubeginn:	November 1998
Fertigstellung:	Juli 1999

Architekt:
Löffelholz + Reiter, Lindau

Der Eingang befindet sich nach dem Umbau im ersten Obergeschoss und ist über eine Rampe bequem zu erreichen.

Dachterrasse. Die Brücke wurde aus Formstahl hergestellt, der Belag in Lärche ausgeführt. Das Treppenhaus wurde mit 24 Zentimeter starkem Mauerwerk aufgestockt, die Ostfassade aufgebrochen und verglast. Dadurch ist eine ausreichende Belichtung gesichert. Das Dach ist eine Sparrenkonstruktion aus Vollholz mit Zwischensparrendämmung und abgehängter Decke.

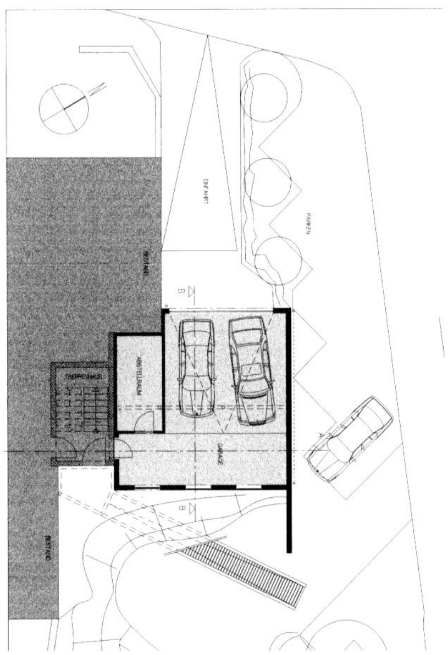

Grundriss Erdgeschoss
Maßstab 1:400

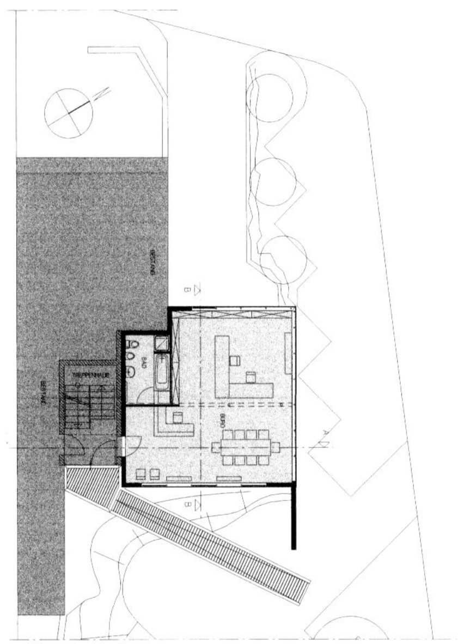

Grundriss 1.Obergeschoss

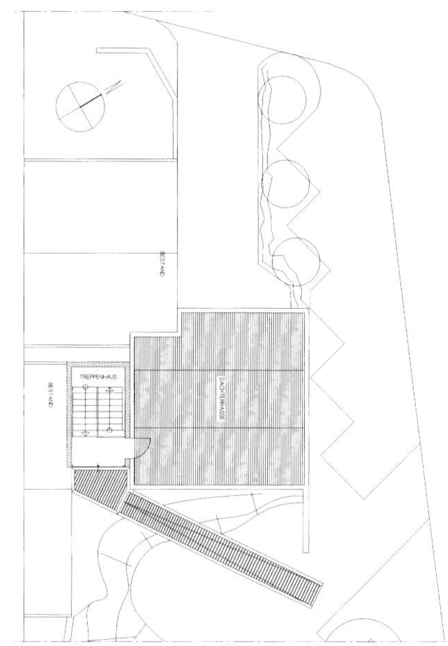

Grundriss 2.Obergeschoss

Neben den bestehenden Bau mit seiner heterogenen Dachlandschaft setzte der Architekt einen Neubau mit stark reduzierter Formensprache.

Der Anbau besteht aus einem holzverschalten Korpus auf einem Betonsockel.

Die Bauherren wünschten sich ein »neues Gesicht« für ihr Wohn- und Bürohaus aus den 70er-Jahren.

Im Neubau entstand ein Raum mit Nasszelle, der als Studio oder Arbeitszimmer funktionieren kann.

Licht und Raum
Aufstockung auf Fotostudios in Sindelfingen-Maichingen

Wenn eine Fotografin und ein Architekt ihre gemeinsame Wohnung planen, darf man auf das Ergebnis gespannt sein. Denn schließlich verfügen sie zusammen über die geballte Kompetenz in Sachen Licht und Raum. Tatsächlich ist hier eine Architektur entstanden, die allen Ansprüchen gerecht wird, mit fließenden Räumen, vielen Blickbezügen und einem faszinierenden Spiel von Licht und Schatten. Und mit jeder Menge Platz für die kleine Tochter des Paars, die gerne »strumpfsockig«, mit Bär und Puppenwagen beschäftigt, durch die Wohnung tollt.

[Aufgabe] Das »Baugrundstück« ist das Flachdach des Wohnhauses mit Fotostudios der Familie der Fotografin. Es befindet sich in einem Mischgebiet am Rand des schwäbischen Ortes Maichingen, dort, wo die Felder beginnen. Das Dach des Bestandes (und damit der Fußboden des Neubaus) hat ungefähr in der Mitte einen Höhenversprung von 85 Zentimeter, der bei der Planung berücksichtigt werden musste. Eine weitere Vorgabe war es, ein Appartement mit separater Erschließung unterzubringen, in dem später einmal Großmutter oder Großvater wohnen kann.

[Konzept] Die Wohnung besteht aus drei Kuben, denen verschiedene Materialien zugeordnet sind: dem Schlaf- und Kinderzimmer naturbelassene Seekieferplatten, dem Bade- und Gästezimmer mit Speisekammer blau lasierte Seekieferplatten und dem Appartement Lärchenholzpaneele. Auf diesen Kuben liegt das Dach als eine durchgehende Platte, die den Höhensprung im Fußboden nicht mitmacht. Deshalb hat der obere Teil der Wohnung eine geringere Raumhöhe als der untere.

[Umsetzung] Eines Tages im Mai wurden mit Hilfe eines großen Krans die einzelnen Bauteile, die auf der Nachbarwiese schon bereitgelegt worden waren, auf das Dach gehievt. Dort haben sie Zimmerleute und Bauschlosser zusammenmontiert. Innerhalb von vier Tagen stand der Rohbau, am fünften Tag war er abgedichtet. Der Ausbau wurde komplett in Eigenleistung erbracht. Trotzdem konnten die jungen Bauherren schon nach acht Monaten in ihr neues Heim einziehen. Die Wohnung ist zentral erschlossen. Wer gleich hinter der Eingangstür stehen bleibt und sich einmal um sich selbst dreht, kann durch die großflächigen Verglasungen nach allen vier Himmelsrichtungen ins Freie sehen und erkennt auch das Prinzip der Organisation: den offenen Grundriss mit den drei eingestellten Körpern, in denen Schlafzimmer, Appartement und Bad mit Gästezimmer untergebracht sind. Der Boden ist mit Ausnahme des Badezimmers, wo er mit Epoxylacryl beschichtet ist, mit Industrieparkett aus Amerikanischem Ahorn belegt. Hinter den großen Fenstern befinden sich weitläufige Terrassen, deren Überdachung gleichzeitig als Sonnenschutz für die Glasflächen funktioniert.

Baudaten:	
Wohnfläche:	279 m²
Bewohner:	3
Umbauter Raum:	1050 m³
Baukosten:	550 000 DM zuzüglich Eigenleistung (Innenausbau, Trockenbau innen komplett, Maler- und Tapezierarbeiten, Elektroarbeiten), 1971 DM/m²
Baubeginn:	Mai 1998
Fertigstellung:	Januar 1999

Architekt:
Michael Ruiz Martin, Sindelfingen

Eine Fotografin und ein Architekt haben sich auf einem Wohn- und Gewerbebau ihr erstes eigenes Domizil errichtet.

Die Küche wurde nach den Vorgaben des Bauherrn und Architekten vom Schreiner nach Maß gefertigt.

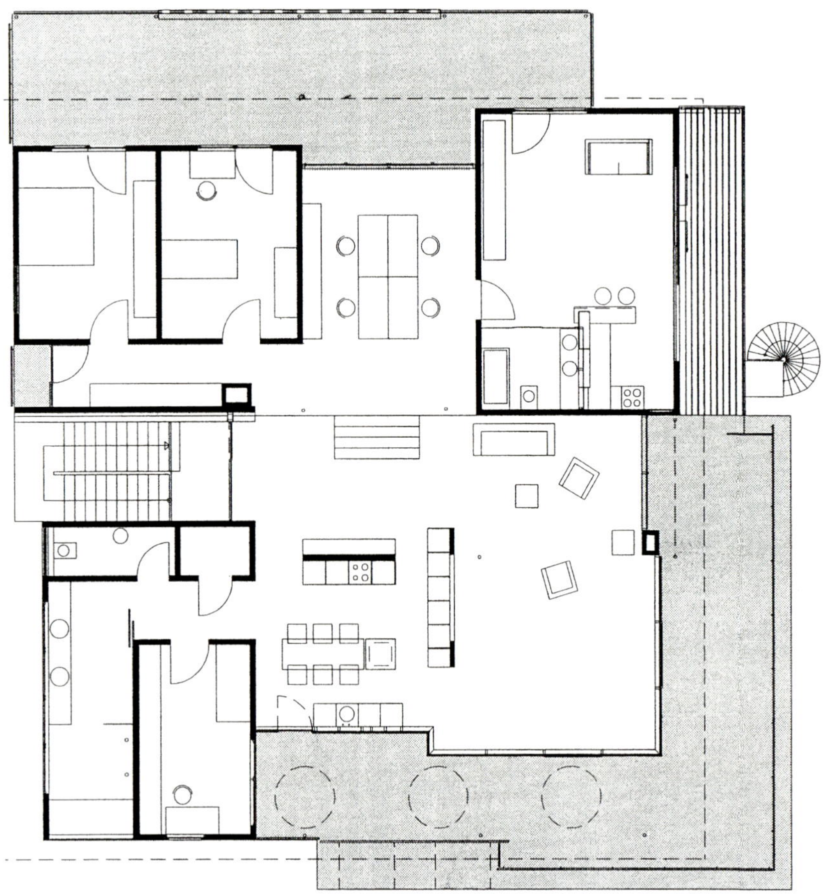

Grundriss
Maßstab 1:200

Durch die Eingangstür mit dem kreisförmigen Fenster gelangt man in das Treppenhaus, das in die Wohnung hinauf führt.

Die Holzlamellen brechen das einfallende Sonnenlicht.

Der »Sockel« des Neubaus besteht aus zwei Fotostudios.

Die Wohnung ist auf allen Seiten von Terrassen umgeben.

Gestern und Heute

Sanierung und Erweiterung eines mittelalterlichen Hauses in Ulm

Sich eines unter Denkmalschutz stehenden Hauses anzunehmen, erfordert Entschlossenheit und Durchhaltevermögen. Denn oft ist es ein langwieriger Prozess, bis sich die Vorstellungen von Bauherr, Architekt und Denkmalbehörde decken. Doch wenn – wie bei diesem Projekt in Ulm – die Modernisierung eines mittelalterlichen Hauses geglückt ist, werden seine Bewohner durch die ganz besondere Atmosphäre, die nur ein sehr altes Gebäude besitzt, für alle Mühen belohnt.

[Aufgabe] Ein mittelalterliches Haus in Ulm, das einst einem Wallmeister gehört hatte, sollte behutsam renoviert und auf die Bedürfnisse der Bauherrenfamilie abgestimmt werden. Den Auftrag für den Umbau bekam der Architekt Karljosef Schattner, der durch sein Wirken als Diözesanbaumeister von Eichstätt für seinen äußerst sensiblen Umgang mit Baudenkmälern bekannt geworden ist. Als Mitarbeiter konnte er seinen ehemaligen Kollegen Wilhelm Huber und den Landschaftsarchitekten Dieter Kienast aus Zürich gewinnen.

[Konzept] Das Wallmeisterhaus ist zweigeschossig; nebenan stand ein kleines Stallgebäude. Dieses wurde abgerissen und an seiner Stelle ein niedriges, langgestrecktes Haus mit flachem Satteldach und ähnlichen Proportionen wie die des Vorgängerbaus errichtet. Das alte Wallmeisterhaus und das neue Langhaus sind durch einen gläsernen Baukörper miteinander verbunden, in dem das Treppenhaus untergebracht ist. Durch diese Auslagerung der internen Erschließungstreppe konnte der alte Treppenaufgang im Haus entfernt und so mehr Wohnfläche geschaffen werden.

[Umsetzung] Der Eingang befindet sich zwischen den beiden massiven Häusern im mit grauem Buchberger Sandstein ausgelegten Erdgeschossbereich des gläsernen Treppenhauses. Von hier gelangt man linker Hand durch einen mit Stahlplatten beplankten Mauerdurchlass über drei Stufen hinab in den Wohn- und Arbeitsraum. Der hintere, niedrige Bereich unter der Galerie wird durch eine Reihe tief liegender Fenster von unten belichtet. Der vordere, hohe Teil des Raumes empfängt durch vier hohe Flügeltüren die Südsonne. Eine außergewöhnlich schöne Spindeltreppe mit aus Blech gefalteten Stufen erschließt die Galerie. Im westlichen Teil des Langhauses ist eine Hausmeisterwohnung untergebracht.

Baudaten:

Wohnfläche:	keine Angaben
Baukosten:	keine Angaben
Baubeginn:	1992
Fertigstellung:	1994

Architekten:

Karljosef Schattner, Eichstätt und
Wilhelm Huber, Betzigau/Kempten

Ein gläserner Baukörper verbindet das mittelalterliche Wallmeisterhaus mit dem neuen Langhaus.

Von der Stütze über die Untersicht des Vordachs bis zur Griffstange an der Eingangstür sind alle Details bis ins Kleinste durchdacht und bewusst gestaltet.

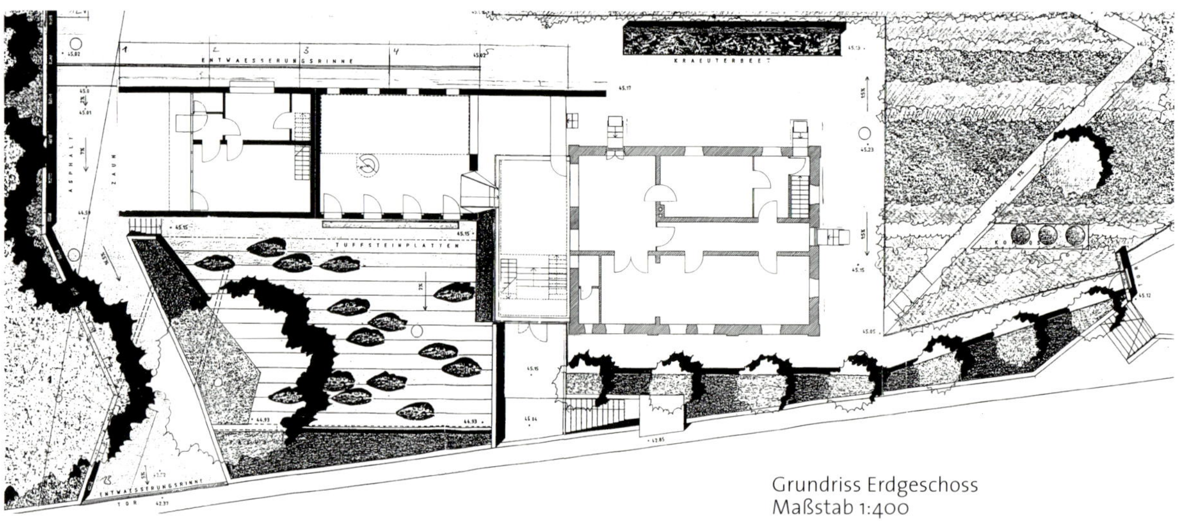

Grundriss Erdgeschoss
Maßstab 1:400

Eine höchst elegante Spindeltreppe erschließt die Galerie.

Stufen und Geländer der Treppe im gläsernen Verbindungsbau sind aus Holz, ein feines Metallgitter bildet die Brüstung.

Variable Wohnhalle
Aufstockung eines Wohn- und Bürohauses in Fellbach

Wenn Kinder erwachsen werden und ihr Elternhaus verlassen, mutieren ihre ehemaligen Zimmer oft zu Bügel- und Abstellräumen. Dies geschieht auch dann, wenn der Wohn- und Essbereich von einigen Quadratmetern mehr Grundfläche eindeutig profitieren würde. Der Grund hierfür ist der, dass Wohnungsgrundrisse in aller Regel nur mit unverhältnismäßig großem Aufwand nachträglich verändert werden können. Ein Beispiel dafür, dass es auch anders geht, liefert dieser Wohnungsneubau in Fellbach. Der Wohn-, Ess- und Schlafzimmerbereich kann mittels leichter Trennwände je nach Bedarf problemlos umorganisiert werden.

[Aufgabe] Eine vierköpfige Familie aus Fellbach hatte beschlossen, ihr Wohn- und Bürohaus mit angrenzender Lagerhalle um eine zusätzliche Etage aufzustocken, die als Wohnung vermietet werden sollte. Doch es kam anders als geplant: Der Architekt konnte seine Bauherren so für den Neubau begeistern, dass sie am Ende selbst in die oberste Etage eingezogen sind.

[Konzept] Aus statischen Gründen musste die Aufstockung sehr leicht sein und die Lasten gleichmäßig auf die tragenden Außenwände und eine innere Längswand ableiten. Gleichzeitig sollte der Grundriss der neuen Wohnung variabel sein, um auf Veränderungen innerhalb der Familie reagieren zu können. Der Grundriss ist in zwei Teile gegliedert: einen je nach Bedarf mit leichten Trennwänden unterteilbaren »Hallenraum« in Stahlkonstruktion und einen massiven Riegel, in dem kompakt solche Räume untergebracht sind, deren Lage im Grundriss nicht verändert wird: Küche, WC, Treppenhaus, Bad.

[Umsetzung] Um die Nutzung des Bestandes während der gesamten Bauzeit zu gewährleisten, wurde als Erstes eine neue Bodenkonstruktion aus Fertigteil-Röhrendecken über das bestehende Pultdach gespannt. Der entstandene Hohlraum wurde zur Installationsführung genutzt.
Die geschlossenen Außenwandflächen des Leichtbaus sind mit hinterlüfteten, drei Millimeter starken Aluminiumtafeln verkleidet, der massive Teil des Aufbaus wurde verputzt. Das Giebelfeld im Norden ist im Gegensatz zur Südfassade bis auf eine Fenstertüre vollständig geschlossen. Die Ostfassade bietet im Abstand von einem Meter links und rechts der Fenstertüren die Möglichkeit, Trennwände anzuschließen, die alle auf das fertige Parkett gestellt werden. Damit der Wohnraum trotz Unterteilungen als ein großer Raum wirkt, bilden Glasscheiben den oberen Anschluss der Trennwände zur Decke.
Die Farbigkeit beschränkt sich ausschließlich auf Materialfarben: Eisenglimmeranstrich für die sichtbare Stahlkonstruktion, Aluminium für Fenstertüren und Fassade, feuerverzinkte Geländer, helles Buchenparkett für die Fußböden im Wohnbereich, graue Fliesen für die Sanitärräume.

Baudaten:	
Wohnfläche:	148 m²
Bewohner:	4
Umbauter Raum:	478 m³
Baukosten:	480 000 DM = 3239 DM/m²
Baubeginn:	Juni 1997
Fertigstellung:	April 1998

Architekt:
Christof Simon im Büro Simon + Hieber, Stuttgart

Das Wohnzimmer kann – sobald die Kinder aus dem Haus sind – um die Breite der dann ehemaligen Kinderzimmer vergrößert werden.

Grundriss
Maßstab 1:200

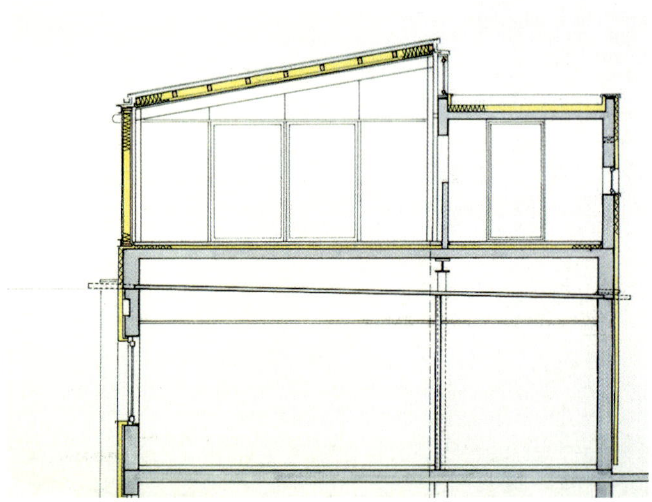

Schnitt
Maßstab 1:200

Die Lochfassade des massiven Aufbaus ist verputzt.

Die geschlossenen Außenwandflächen des Leichtbaus sind mit hinterlüfteten Aluminiumtafeln verkleidet.

Die Stahlkonstruktion des variablen Teils der Aufstockung ist mit Eisenglimmer gestrichen.

Die Innenwände bestehen im oberen Teil aus Glasscheiben, damit die Hallenwirkung der Wohnung nicht zerstört wird.

In der Küche sind die Fenster so angeordnet, dass man beim Kochen, Abspülen und Vorbereiten der Speisen hinausschauen kann.

Im Treppenhaus entstehen interessante Lichteffekte.

Architektenverzeichnis/Bildnachweis

Architektenverzeichnis mit Bildnachweis

Banz + Riecks Architekten
Dipl.-Ing. Elke Banz
Dipl.-Ing. Dietmar Riecks
Friederikastraße 86
D-44789 Bochum
S. 6, 11, 13–15 Fotos: Klemens Ortmeyer/Architekturphoto

Beer Architekten
Dipl.-Ing. Architekten BDA
Karlheinz Beer
Anne Beer
Hinterm Zwinger 18
D-92637 Weiden
S. U1,6, 17–21 Fotos: Atelier Altenkirch, Karlsruhe

Architektur Cyrill Bischof
Architekt ETH/SIA GmbH
Bahnhofstraße 40
CH-8590 Romanshorn
S. 6, 9, 23–25 Fotos: Cyrill Bischof, Romanshorn

Architekturstudio
Bulant & Wailzer
Arch. Dipl.-Ing.
Aneta Bulant-Kamenova
Arch. Univ. Ass. Mag.
Klaus Wailzer
Fleischmarkt 16/3/38
A-1010 Wien
S. 2, 7, 26, 29 u. Fotos: Eckelt Glas/Croce & Wir;
S. 29 o., 30–31 Fotos: Rupert Steiner, Wien

Busch + Liebig
Planungsbüro
Neunkirchen 13
D-64397 Modautal
S. 4, 7, 33–35 Fotos: May & Riedel, Darmstadt

Eichinger oder Knechtl
Franz Josefs-Kai 29
A-1010 Wien
S. 7, 37, 39 Fotos: Margherita Spiluttini, Wien

Finckh Architekten
Im Unteren Kienle 30
D-70184 Stuttgart
S. 6, 41, 43 Fotos: Markus Fenchel, Stuttgart

Lydia Haack + John Höpfner
Artilleriestraße 13
D-80636 München
S. U4,6, 45–47 Fotos: Johann Hinrichs, München

Prof. Kai Haag
Drei Architekten + Partner
Freie Architekten BDA
Rotebühlstraße 87
D-70178 Stuttgart
S. 6, 49–51 Fotos: Kai Haag, Stuttgart

Hochholdinger-Knauer
Architekten
Rankgasse 13/3
A-1160 Wien
S. 7, 53, 55 Fotos: Margherita Spiluttini, Wien

Holzfurtner und Bahner
Schraudolphstraße 26
D-80799 München
S. 7, 57–59 Fotos: Stefan Holzfurtner, München

Wilhelm Huber
Dipl.-Ing. Architekt BDA
Leiterberg 7 1/2
D-87488 Betzigau/Kempten
Fotos: Klaus Kinold, München

Kehrbaum + Engel
Am Kronenberg 13
D-87600 Kaufbeuren
S. 7, 61, 63–65 Fotos: Stefan Müller-Naumann, München

Elmar Kleiner, Architekt
Charitéstraße 3
D-10117 Berlin
S. 6, 67–69 Fotos: René Lamb, Radolfzell

Hans Kneidl, Architekt
Rummelstraße 6
D-92637 Weiden i. d. Oberpfalz
S. 6, 71–73 Fotos: Dieter Schmidt, Erbendorf

Löffelholz + Reiter
Architekten Ingenieure
Zechwaldstraße 1
D-88131 Lindau
S. 6, 75, 77 Fotos: Mark Pejot, Enzisweiler

Michael Ruiz Martin
Ulmenstraße 29
D-71069 Sindelfingen
S. 7, 79–83 Fotos: Jeannette Schuster, Sindelfingen

Karljosef Schattner
Prof. Dipl.-Ing. Architekt BDA
Spindeltal 32-34
D-85072 Eichstätt
S. 7, 85–87 Fotos: Klaus Kinold, München

Simon + Hieber
Freie Architekten
Dipl.-Ing. Christof Simon
Alexanderstraße 56
D-70182 Stuttgart
S. 7, 89, 91–93 Fotos: Andreas Klöpfer, Stuttgart

Impressum

© 2000 Verlag Georg D.W. Callwey
GmbH & Co., Streitfeldstraße 35,
81673 München
http://www.callwey.de
e-mail: buch@callwey.de

Die Deutsche Bibliothek –
CIP-Einheitsaufnahme
Ein Titeldatensatz für diese Publikation
ist bei Der Deutschen Bibliothek erhältlich.

ISBN 3-7667-1388-4

Das Werk einschließlich aller seiner Teile ist urheberrechtlich geschützt. Jede Verwertung außerhalb der engen Grenzen des Urheberrechtsgesetzes ist ohne schriftliche Zustimmung des Verlages unzulässig und strafbar. Das gilt insbesondere für Vervielfältigungen, Übersetzungen, Mikroverfilmungen und die Einspeicherung und Verarbeitung in elektronischen Systemen.

Layoutkonzept: Helmuth Gebhardt, München
Litho: Reproteam Siefert, Ulm
Druck und Bindung: Printer, Trento
Printed in Italy 2000

CALLWEY

Die Bücher

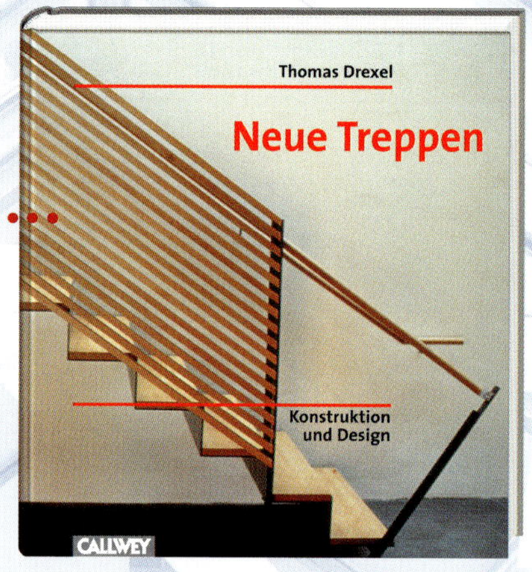

Ob schlichte gerade Treppe, sich drehende Podesttreppe oder kunstvoll geformte Spindeltreppe – Thomas Drexel stellt aktuelle Treppen aus Holz, Stahl und Beton vor. Detailliert erläutert er jedes Projekt und verrät alles über Konstruktion, Materialien und Kosten. Mehr Spaß beim Aufstieg!

Thomas Drexel
Neue Treppen
96 Seiten, 120 Abbildungen, 30 Zeichnungen. Gebunden.
ISBN 3-7667-1387-6

NEUE WOHNIMPULSE

Ulrich Timm
Der Wintergarten – Wohnräume unter Glas
160 Seiten, 300 Abbildungen, 105 Grundrisse und Pläne. Gebunden.
ISBN 3-7667-1367-1

Wohnparadies aus Glas! Wie man sich diesen Traum erfüllen kann, zeigt Ulrich Timm. Er präsentiert die unterschiedlichsten Wintergärten und bietet Lösungen für jede Situation. Step by step führt er durch die einzelnen Bauphasen und gibt Tipps zu Materialien, Ausstattung und geeigneten Pflanzen.

CALLWEY VERLAG
MÜNCHEN